植物学家的词汇手册
图解 1300 条园艺常用植物学术语

［美］苏珊·佩尔（Susan K. Pell） ｜ 著
［美］芭比·安吉尔（Bobbi Angell）

顾 垒 ｜ 译

U0194344

北京大学出版社
PEKING UNIVERSITY PRESS

著作权合同登记号　图字：01-2017-6184

图书在版编目（CIP）数据

植物学家的词汇手册：图解1300条园艺常用植物学术语 / (美) 苏珊·佩尔 (Susan K. Pell)，(美) 芭比·安吉尔 (Bobbi Angell) 著；顾垒译. —北京：北京大学出版社，2022.8

ISBN 978-7-301-31063-2

Ⅰ. ①植… Ⅱ. ①苏… ②芭… ③顾… Ⅲ. ①园林植物 – 名词术语 – 手册 Ⅳ. ①S68–62

中国版本图书馆 CIP 数据核字（2022）第 066066 号

书　　　名	植物学家的词汇手册：图解 1300 条园艺常用植物学术语 ZHIWUXUEJIA DE CIHUI SHOUCE: TUJIE 1300 TIAO YUANYI CHANGYONG ZHIWUXUE SHUYU	
著作责任者	[美] 苏珊·佩尔（Susan K. Pell）　芭比·安吉尔（Bobbi Angell）著 顾垒 译	
责 任 编 辑	陈　静	
标 准 书 号	ISBN 978-7-301-31063-2	
出 版 发 行	北京大学出版社	
地　　　址	北京市海淀区成府路 205 号　　100871	
网　　　址	http://www.pup.cn	新浪微博：@ 北京大学出版社
微信公众号	通识书苑（微信号：sartspku）	科学元典（微信号：kexueyuandian）
电 子 邮 箱	编辑部 jyzx@pup.cn	总编室 zpup@pup.cn
电　　　话	邮购部 010-62752015　发行部 010-62750672 编辑部 010-62707542	
印 　刷 　者	北京九天鸿程印刷有限责任公司	
经 　销 　者	新华书店	
	880 毫米 ×1230 毫米　A5　7.375 印张　120 千字 2022 年 8 月第 1 版　2024 年 4 月第 2 次印刷	
定　　　价	69.00 元（精装版）	

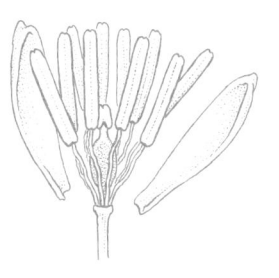

目　录

引　言

　　吾辈园艺和博物学爱好者有一种与生俱来的好奇心，它体现在我们的一言一行之中。我们会在植物园里抄录标牌上的文字，回家后用来学习更多关于这种植物的知识，或许还会在自己的园子里种上一株。小径上一朵落花，仿佛在召唤我们将它拆成零件、拿到手持放大镜下细细观察。一份珍稀植物名录，抑或一本关于某个有趣的属的新书，能让我们着迷好几个小时。园艺和博物学爱好者们会聚在一起交流各自的观察，比如说记录春天萌发的第一批新芽，描述某株植物上出现的不寻常特征，分享不同生境下的栽培要诀，或者指明不为人所知却生长着神奇植物的地点。在讨论偶遇或亲手栽种的植物时，我们既使用俗名，也使用拉丁文学名。我们会描述植物的颜色、形状、质地、生长方式和果实特征，但经常用词不当，有时是不知道该用哪个词来描述某个特定性状，有时虽然知道一个词，但指南和手册上用的是另一个。我们或许已经意识到了世界上并没有代表性的花、叶子形状或生长环境，但我们也时常想不起来该用哪些术语来描述复杂和特殊的对象。

　　在本书收集的众多术语的帮助下，我们将自身深陷其中的这个世界分类和组织起来。学习和使用正确的术语，我们就能更好地欣赏令人惊叹的植物多样性、交流我们的知识、获取更加专门而深入的知识体系，以满足我们对植物学世界的兴趣。

  在这本书里，我们尝试定义了一些植物学家、博物学爱好者和园丁都会使用的术语，并尽可能地用普通的语言阐释清楚，以便非专业的读者使用。本书选用的术语来自园艺学和植物学的文献与实践，主要涉及植物的形态构造。很多术语，也许是大多数的术语，都难以准确界定和绘图，但如果这是一件易事，那么植物世界想必也不会如此丰饶而迷人。在变化万千的植物形态中，花瓣和萼片有时会彼此黏附以吸引传粉者或促进传粉；雄性和雌性的生殖器官可能融合成错综的柱状结构；果实可能具有奇妙而复杂的种子传播机制。因此有些术语仅仅用于一类特定的植物，如兰花、禾草或鸢尾。有些术语描述的是所有的植物或整个生态系统，有些术语却是只能在显微镜下才能看见的结构。

  请翻阅这本书吧，你既可以认出那些易于使用的术语，也能学几个不常见的新词，还能在被某本野外手册或古怪的果子难住时得到参考。我们希望这些新知能帮助你在植物世界中获得远胜往昔的乐趣。

芭比·安吉尔

苏珊·佩尔

2015 年 5 月

术语表

The Glossary

A

a-

前缀，表示"没有""缺失"。例：apetalous（无花瓣的）。

abaxial 远轴面

叶片远离茎的中轴方向的一面，也作背面、下面。

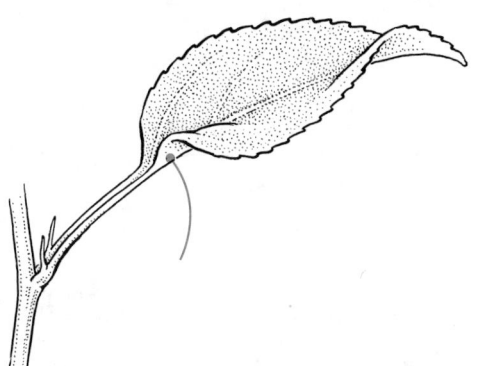

abscission 脱离，脱落

一个器官从另一个器官上分离开来，比如叶从茎上，或花被片从花托上；系由脱落器官基部的细胞分离所导致。

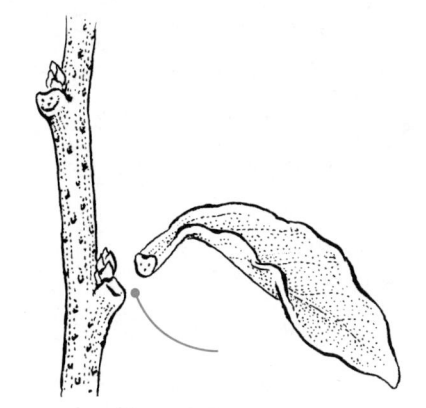

acaulescent 无茎的

没有地上茎，叶片全部基生。

反义词：caulescent（具茎的）。

accessory fruit 附果

果肉部分或全部由非子房的组织（通常是花托）发育而来的假果。例：草莓属（*Fragaria*）。

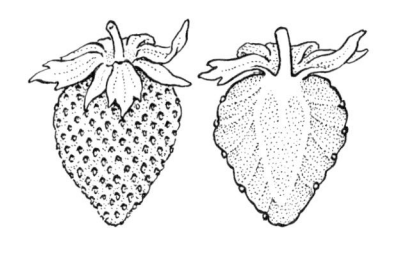

achene 瘦果

由单一心皮发育而成的不开裂的小型干燥果实。例：铁线莲属（*Clematis*）。

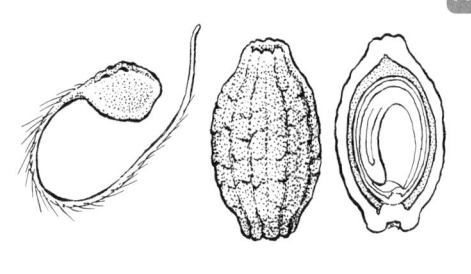

accrescent 花后膨大的

花器官在花谢后不脱落，反而继续长大，主要见于花萼。例：酸浆属（*Physalis*）。

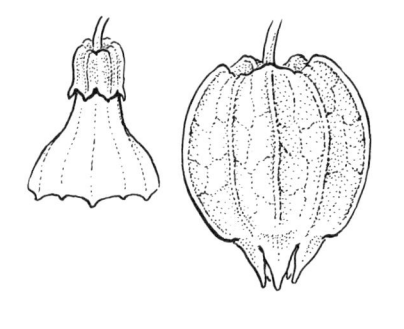

achlorophyllous 无叶绿素的

全株或部分器官不含叶绿素，常见于寄生和"腐生"的植物。例：水晶兰（*Monotropa uniflora*）。

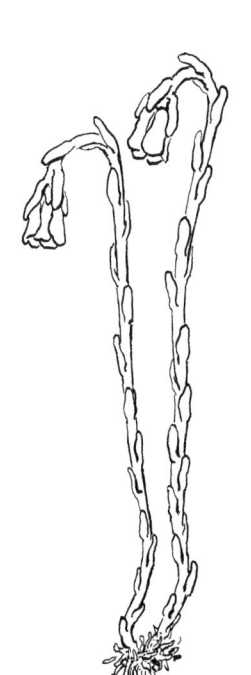

acerose 针状的

三维的针形，横截面接近圆形；并非细长尖锐的薄片。例：松属（*Pinus*）的叶子。

同义词：acicular。

acicular 针状的

同义词：acerose（针状的）。

acidophilous 嗜酸的

有些植物喜欢酸性，在酸性的土壤上生长得更好。

acorn 槲果、橡果

壳斗科栎属（*Quercus*）的坚果，具有一个由鳞片构成的总苞发育而来的杯状基部（即"壳斗"），果实中只有一粒种子。

acropetal 向顶的

向着茎或根的顶端生长，由基部到顶部逐渐产生。

反义词：basipetal（向基的）。

actinomorphic 辐射对称的

具有多个对称面，任何通过结构中央的直线都能将其分成互为镜像的两部分，通常用于描述花。

同义词：radially symmetrical，regular；

反义词：bilaterally symmetrical（两侧对称的），irregular（不整齐的），zygomorphic（左右对称的）。

aculeate 具皮刺的

表面生有皮刺。例：蔷薇属（*Rosa*）。

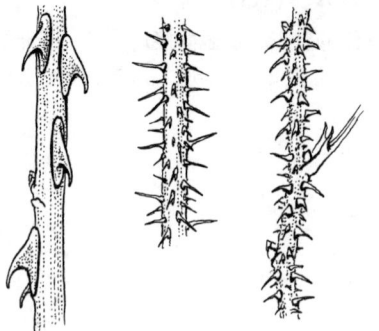

acuminate 渐尖的

向顶端逐渐变窄，先端尖锐，两侧形成向内凹陷的边缘，通常用于描述叶片顶端。

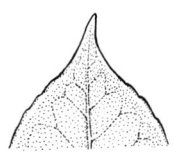

acute 急尖的

先端尖锐，两侧形成劲直的边缘，夹角 ≤ 90°，通常用于描述叶片顶端和基部。

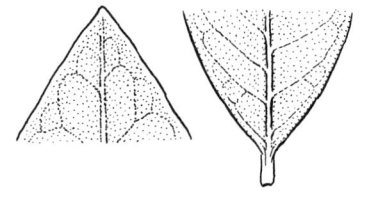

adaxial 近轴面

叶片靠近茎的中轴方向的一面，也作正面、上面。

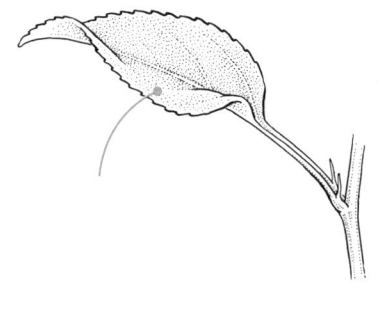

adherent 附着的

不同的器官挨在一起，但并不结合。例如花药彼此附着（如下图左），或花药附着于雌蕊。

adnate 贴生的

不同的器官挨在一起，并彼此结合。例如雄蕊花丝和花冠管贴生（如下图右）。

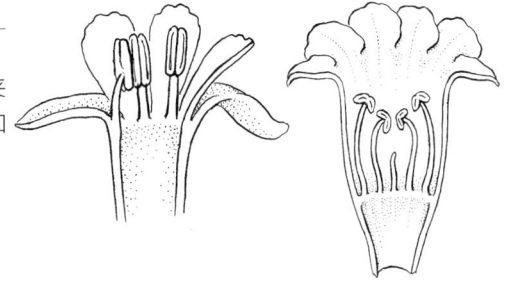

adventitious 不定的

从非正常位置上长出的器官，例如不定根是指从茎或叶上长出的根。

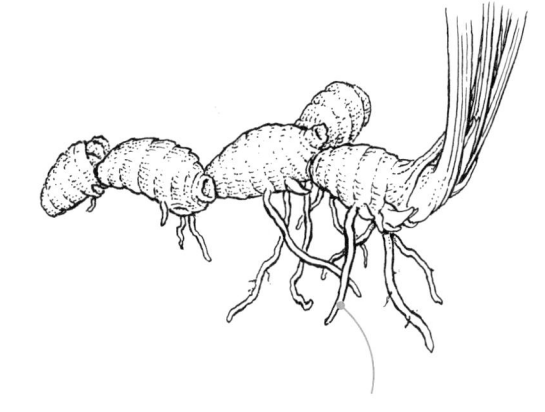

adventive 外来的

非本地的物种，在比较晚近的时期才引入、逃逸到野外并扩散；融入本地生态系统的程度不如归化种（naturalized species）。

aerial 气生的

生长在地表或水面以上的。例：aerial roots（气生根）。

aerial bulb 气生鳞茎

在地面以上生长的小型鳞茎状结构，通常生长在叶腋里，能够发育成完整的植株，是一种营养繁殖的方式。例：苏铁属（*Cycas*）茎干上长出的小型"植株"。同义词：bulbil, bulbel（珠芽）。

aerial root 气生根

在地面以上生长的根，是不定根的一种。例：毒漆藤（*Toxicodendron radicans*）的攀缘茎上生长的气生根。

aestivation, estivation 花被卷叠式

花被片在花蕾中排列的方式。另见 vernation（幼叶卷叠式）。

afterripening 后熟作用

有些植物的种子在成熟之后必须经过一段时间的休眠才能萌发。

agamospermy 无配子种子生殖

不经过受精过程即产生有活力的种子，亦即没有有性生殖过程。

aggregate fruit 聚合果

由一朵花中的多枚离生的单心皮雌蕊发育而成的果实，可能由很多小型化的其他果实类型构成，包括翅果、核果、瘦果、蓇葖果，等等。例：树莓和黑莓 [悬钩子属（*Rubus*）]。
同义词：etaerio。

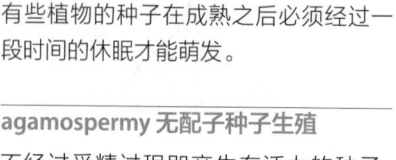

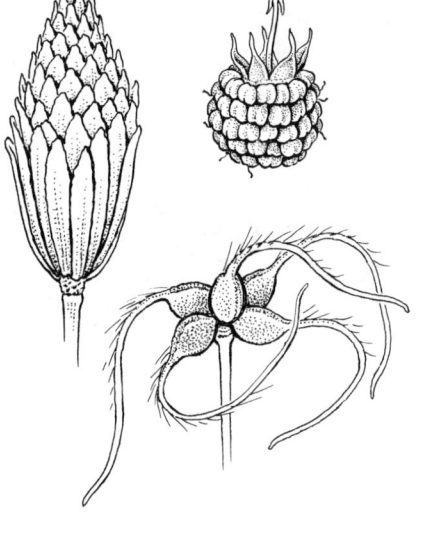

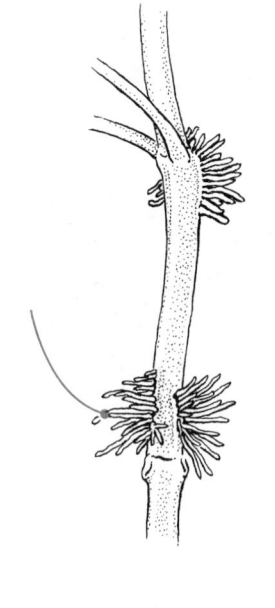

air plant 空气凤梨

凤梨科铁兰属（*Tillandsia*）的附生植物的俗称。这类植物绝大多数是附生的，有些种类甚至没有根系，靠叶片吸收水分和营养。

alate 具翅的

具有由扁平而扩展的组织形成的翅状结构。例：翅榆（*Ulmus alata*）茎和果实上的翅，以及卫矛（*Euonymus alata*）茎上的翅。

allelopathy 化感作用

一种植物通过分泌某些物质影响周围生长的其他植物的生长、繁殖乃至生存的现象。例：黑胡桃（*Juglans nigra*）。

allopatric 异域分布的

两个物种的分布区完全不重叠。

反义词：sympatric（同域分布的）。

alpine plants 高山植物

分布于树木无法生长的高海拔地区（林线以上）的植物。园艺上，这类植物通常种在岩石园里。

alternate 互生的

1. 每个节上只着生 1 枚，如叶在茎上互生；2. 两种器官在同一个平面上（或至少是在投影上）交替出现，如花瓣和萼片互生、雄蕊和花瓣互生。

alternate bearing 隔年结果

每隔一年结出大量的果实，间隔的那一年不结果或只结极少量的果。

同义词：biennial bearing。

alternipetalous 与花冠互生的

花冠与其他花部器官（通常指花萼或雄蕊）的位置关系是互生。

alveolate 蜂窝状的

有类似蜂窝的密集小孔或小凹陷。

同义词：faveolate，favose。

ament 柔荑花序

由无花被、无柄或近无柄的单性花组成的下垂的穗状花序。

同义词：catkin。

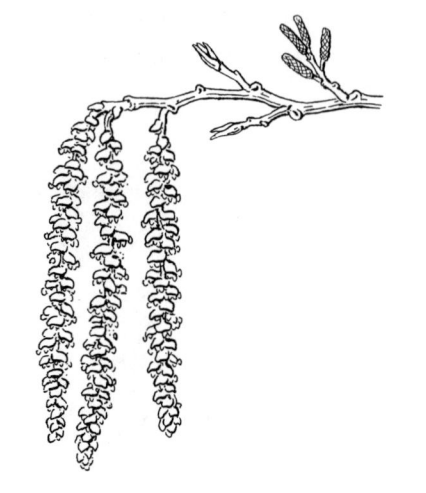

alternisepalous 与花萼互生的

花萼与其他花部器官（通常指花冠或雄蕊）的位置关系是互生。

amplexicaul 抱茎的

生长在茎一侧的器官因基部突出而呈现抱着茎的状态，但并不完全环绕茎。通常用于描述叶、托叶或苞片。

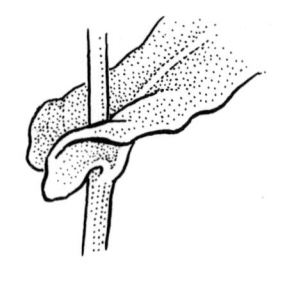

ampulla 囊

瓶状或球状凸起的中空结构。通常用于描述特化的花冠管、捕虫囊等。

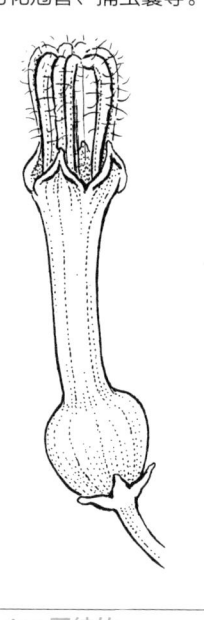

anastomosing 网结的

分支的结构再度联结，从而形成网状。例：网状叶脉。

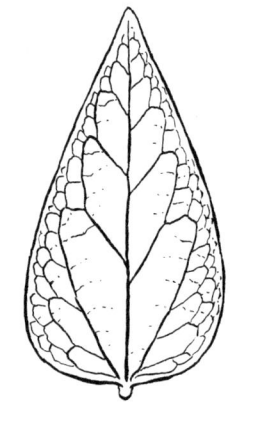

anchor root 支柱根

从茎干下部发出的不定根，起到支撑植株的作用。

同义词：brace root，prop root，stilt root。

ancipital 二棱状的

扁平而具有两个较薄的棱状凸起边缘。通常用于描述茎。

androecium 雄蕊群

花的雄性生殖功能部分，由雄蕊构成。

androgynophore 雌雄蕊群柄

支撑雄蕊群和雌蕊群，使之高于花被的柱状结构。例：西番莲属（*Passiflora*）。

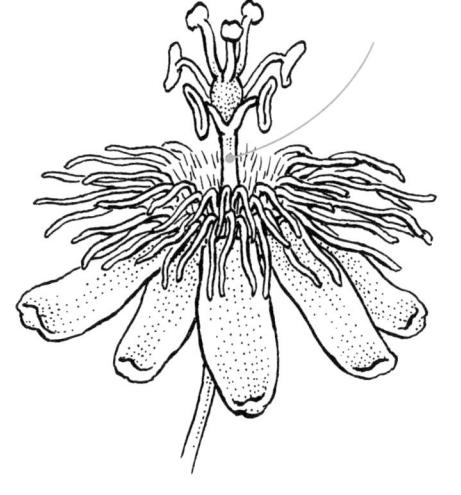

androphore 雄蕊群柄
支撑一组雄蕊的柱状结构。

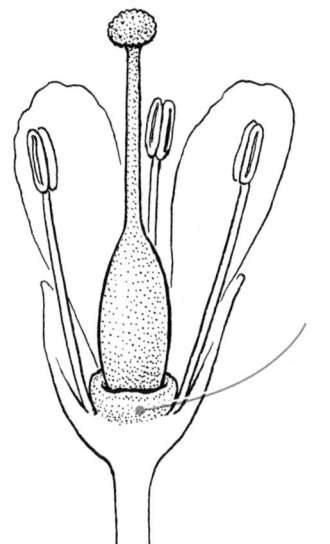

anemophilous 风媒传粉的
依靠风力传播花粉。

angiosperm 被子植物
具有真正的花的植物，胚珠包裹在子房中而不裸露，种子包裹在果实中。

anisomerous 不同数的
花器官中不同轮的数目不一样，比如雄蕊和花冠不同数。

anisophyllous 叶不等大的
两枚对生叶的大小和／或形状不一样。

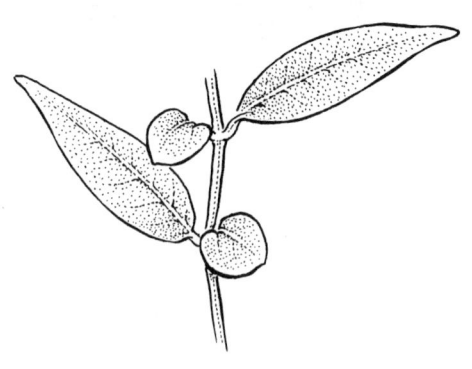

annual 一年生的
植物在一年中完成整个生活史：种子萌发、生长、开花、结果、种子成熟、死亡。

annular 环状的
环形，如某些植物的环状蜜腺。

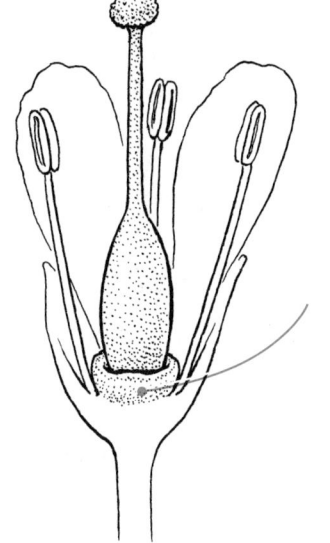

annulus 环带
蕨类植物孢子囊一侧的一列特化的厚壁细胞。在孢子成熟后，环带细胞失水，可以强制打开孢子囊并将孢子弹出。

antepetalous, antipetalous 雄蕊对瓣的

雄蕊着生于花瓣（或花冠裂片）的正前方，也写作雄蕊与花瓣（或花冠裂片）对生。对照：雄蕊与花瓣互生。

antesepalous, antisepalous 雄蕊对萼的

雄蕊生于花萼裂片的正前方，也写作雄蕊与花萼对生。对照：雄蕊与花萼互生。

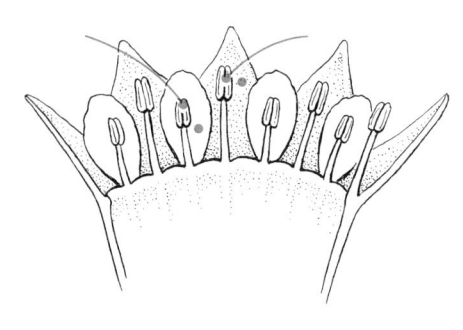

anther 花药

雄蕊中包含花粉的部分。

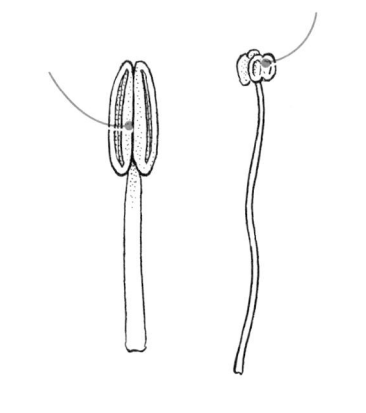

antheridium 精子器（复数 antheridia）

雄配子体，产生精子的生殖器官，见于蕨类、石松类和非维管有胚植物。

anther sac 药室

花药中包含花粉的腔室，每个花药通常有两个，也作花粉囊。
同义词：theca。

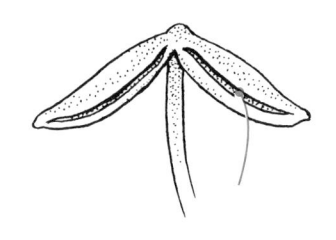

anthesis 开花期

花朵完全成熟的时期，此时花朵开放并进行有性生殖。

anthocarp 假果

除了来自子房的组织之外，还有花的其他部分（比如说花托或者被丝杯）共同发育形成的果实。例：蔷薇果、梨果、瓠果等。鉴于子房下位的本质是花萼和子房壁合生，所有子房下位花形成的果实都是假果。
同义词：false fruit，pseudocarp。

anthocyanin 花色苷

植物中的一类水溶性类黄酮色素，视 pH 不同而呈现蓝色、红色或紫色。也作花青素。

anthophore 花冠柄

在花萼之上支撑花的其余部分（花冠、雄蕊群和雌蕊群）的柱状结构。

anthoxanthin 花黄素
植物中的一类水溶性类黄酮色素，颜色由白色到黄色。

ant-plant 蚁栖植物
和蚂蚁互利共生的植物。
同义词：myrmecophyte。

antrorse 顺向的，向上的
指向上方或植物体顶端。
反义词：retrorse（反向的，向下的）。

aperture 孔
特指花粉粒外壁上的孔。

apetalous 无花瓣的
没有花瓣。

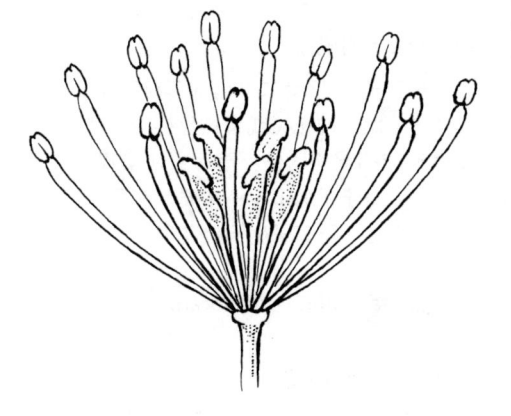

apex 顶端（复数 apices）
先端；离器官着生部位最远的一段，和基部相对。
反义词：base（基部）。

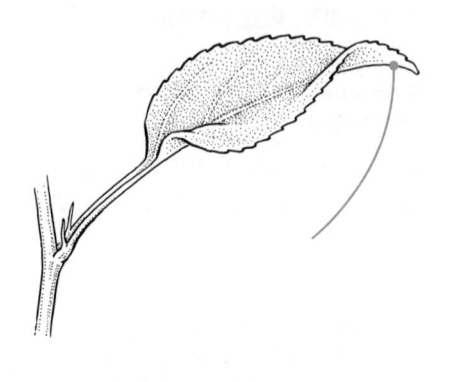

aphyllous 无叶的
没有叶子。

apical 顶端的
位于或属于顶端，例如顶端着生。

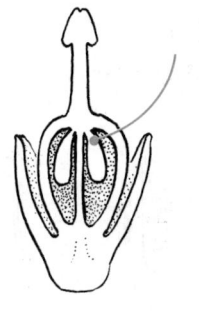

apical dominance 顶端优势
顶芽控制主茎优先生长，并抑制侧芽和侧枝生长的现象。

apiculate 具细尖的
叶片或花被片顶端终止于一枚小而细的尖头。

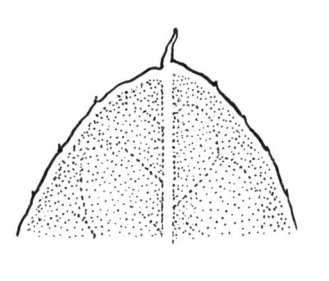

apiculum, apiculus 细尖
小而细的尖头。

apo-
前缀，表示"分离"。

apocarpous 离生心皮的
雌蕊群由 2 至多枚彼此分离的心皮组成，每枚心皮都有单独的花柱。
反义词：syncarpous（合生心皮的）。

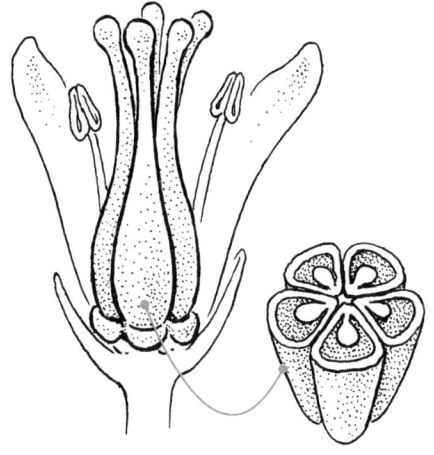

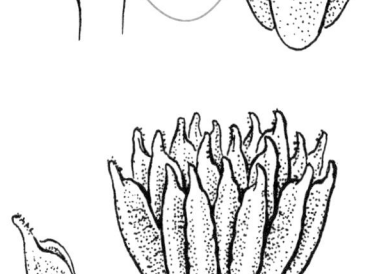

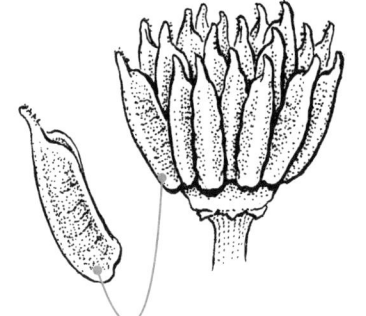

apomictic 无融合生殖的
见 apomixis（无融合生殖）。

apomixis 无融合生殖

花不经有性生殖过程即产生果实和种子，经常和无配子种子生殖（agamospermy）混用。

appendage 附属物

着生于较大的主体结构上的附属部分。

appressed 贴伏的

紧靠着另一结构，但并不与之合生。

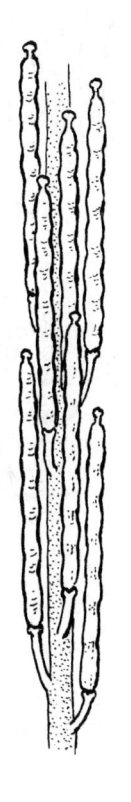

aquatic 水生的

植物季节性地或终生地生长在水中。

arborescent 乔木状的

长得像树，但并不是真正的树。例：芭蕉属（*Musa*）是草本植物，具有由叶柄套叠形成的假茎。

archegonium 颈卵器（复数 archego-nia）

雌配子体，产生卵子的生殖器官，见于蕨类、石松类和非维管有胚植物。

arctic 北极的

分布于北极圈以北的。

arcuate 弧形的

呈弧形弯曲的。例：弧形脉。

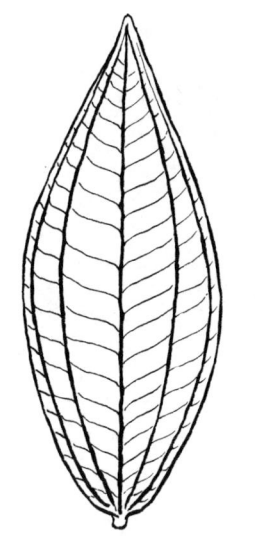

areola

1. 网隙，植物体表面被分隔出来的小块区域，如叶片上被叶脉分隔的区域（脉间区）；2. 小窠，仙人掌科（Cactaceae）植物的变态茎上着生刺和花的部位。

aril, arillus 假种皮

长在珠柄或种脐上的肉质附属物，包裹种子的一部分或全部。例：荔枝（*Litchi chinensis*）和红豆杉属（*Taxus*）。

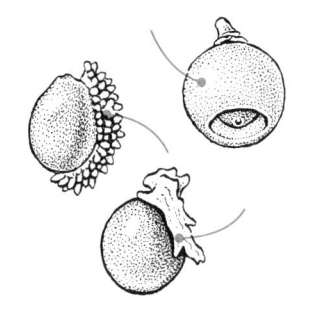

arista 芒

硬毛，通常是叶或类似结构的末端。同义词：awn。

aristate 具芒的

顶端具长硬毛。

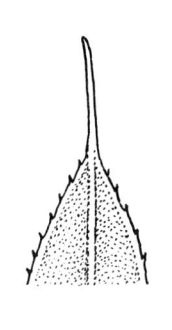

armature 刺

植物体表面的尖锐凸起，具防御功能，包括皮刺、倒刺、棘等。

articulation 节

两段器官的连接点。

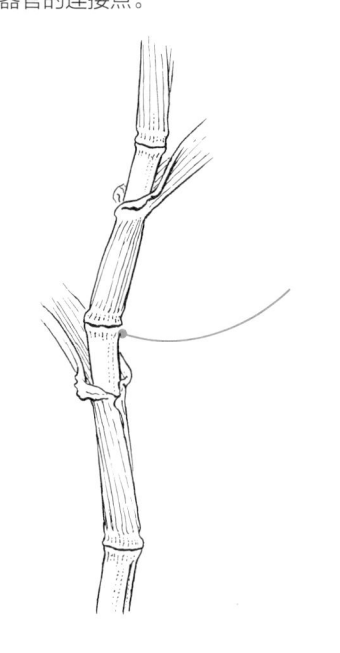

ascending 上升的

向上方生长，通常有弯曲或弓曲。

ascidiate 罐状的

形如水罐的，内部可以积水，见于瓶子草属（*Sarracenia*）植物的叶。

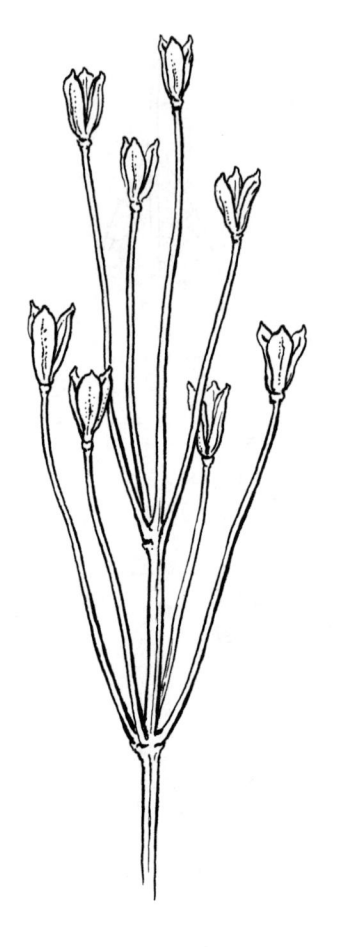

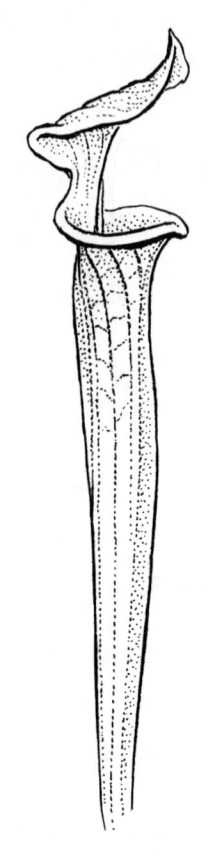

asepalous 无萼的

没有萼片。

asexual 无性的

未经精卵结合的繁殖过程，或由这种繁殖过程产生的新个体。

asymmetrical 不对称的

按照自然的结构（如叶片中脉）分成两半后，形状和/或大小不相等，通常用于描述叶片基部。

同义词：oblique。

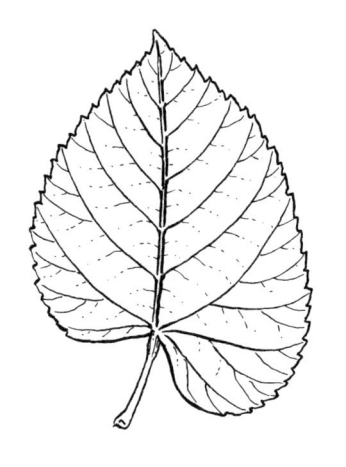

auricle 耳状物

耳垂形状的附属物，见于某些叶片基部。

auriculate 耳状的

耳垂形状的，具有耳状附属物的。

同义词：eared。

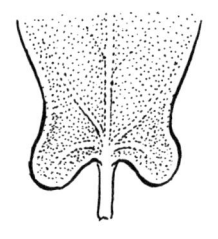

autogamy 自花授粉

同一朵花中的雄蕊向雌蕊授粉并产生种子，自交亲和。

atropurpurea 暗紫色、紫黑色

极深而接近黑色的紫色。

attenuate 渐狭

向顶端或基部逐渐变窄。

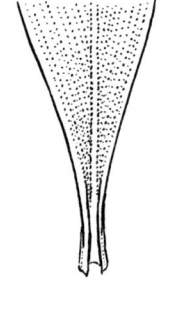

awn 芒

硬毛，通常是叶或类似结构的末端。

同义词：arista。

axil 腋

茎与其上着生的叶、分枝或繁殖器官之间形成的开口向上的夹角。

axile 中轴的

位于中轴的；在中轴上着生的，如中轴胎座。

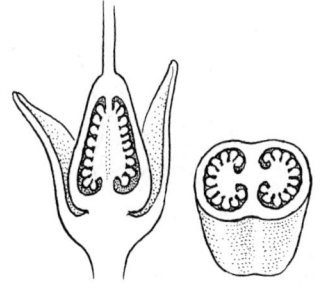

axillary 腋生的

着生于腋的，主要用于描述芽（以及由芽发育而成的分枝、花和花序）的位置。

axis 轴

植物体或器官中央的，供其他部分着生的纵向支撑结构。例如花序中央的茎是花序轴。

B

bacca 浆果
由单个雌蕊（单心皮或合生的多心皮）发育而成的肉质不开裂果实，含有 1 至多枚种子。种子包含在多汁的中果皮里，内果皮很难分辨。例：蓝莓［越橘属（*Vaccinium*）］。
同义词：berry。

---

baccate 浆果状的
形似浆果但并非真正浆果的果实，常用于描述某些热带水果。例：鳄梨（*Persea americana*）。［译者注：此处原文举例有误，鳄梨是真正的浆果，因为樟科植物只有两层果皮，没有硬质的内果皮；同时鳄梨的种子质硬，形似核果包含种子的内果皮，因此被描述为核果状浆果。真正的浆果状核果应该是诸如木樨（*Osmanthus fragrans*）的果实。］

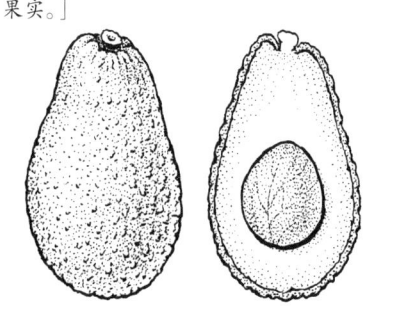

back bulb 后鳞茎
兰科植物老的假鳞茎，叶已脱落。经常用于营养繁殖。

---

balausta 榴果
由多心皮子房发育而成的肉质果实，有多数种子和革质的外果皮，不开裂。（译者注：指不在心皮的背腹缝线处开裂，但有可能因果皮生长速度慢于果实内容物，而发生不规则开裂。）例：石榴（*Punica granatum*）。

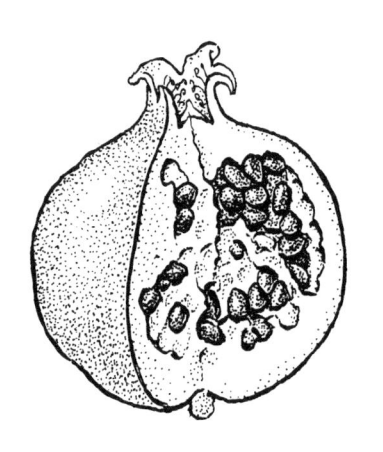

banner 旗瓣

豆科植物的蝶形花冠中位于上方的、通常也是最大的一枚花瓣。例：山黧豆属（*Lathyrus*），羽扇豆属（*Lupinus*）。

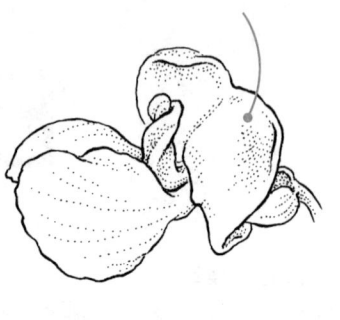

barbed 具倒刺的

具有坚硬、锐利、与茎或叶生长方向相反的尖头。

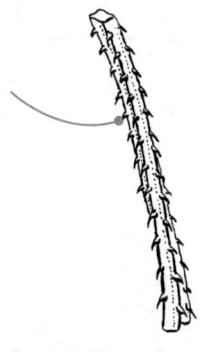

bare root 裸根

一种移栽和运输植物的方法，将通常埋藏于土中的根系暴露出来，可以预防一些随土壤传播的病虫害。

bark 树皮

成熟木质茎的外层，亦即维管形成层以外的所有组织，包括韧皮部、木栓形成层和木栓层。

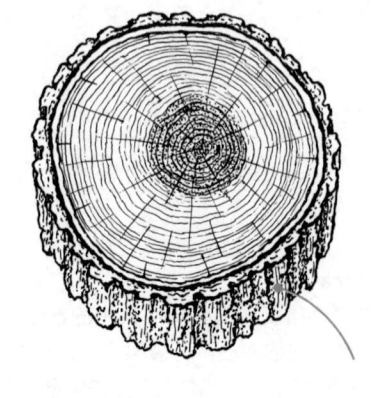

basal 基部的，基生的

位于、着生于或从属于基部，例如叶片着生于植株基部。

basal placentation 基生胎座式

1 至多枚胚珠着生于单室子房的基部。

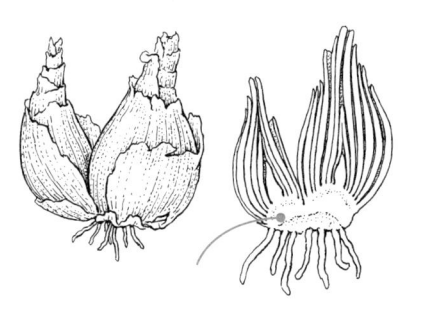

basal plate 鳞茎盘

鳞茎中短缩成盘状的茎，向下长出根，向上长出鳞叶、叶和花序。

basal shoot 基生芽

从乔木或灌木的基部或根上长出的芽，通常指从地面以下长出的。

base 基部

和顶部相对的位置，位于着生点或离着生点最近。

反义词：apex（顶端）。

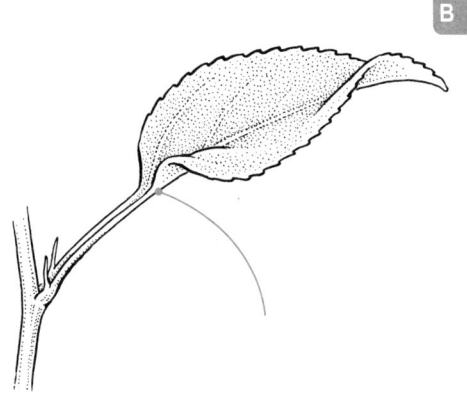

basifixed 基着的

某器官的着生点位于其基部，例如基着药指花丝着生于花药的基部。参见 dorsifixed（背着的），medifixed（丁字着的），versatile（丁字着的）。

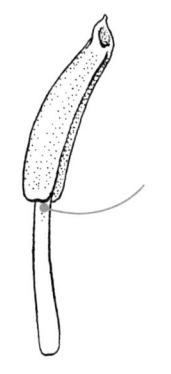

basipetal 向基的

朝着枝条基部或根的方向生长。

反义词：acropetal（向顶的）。

beak 喙
细长的尖端或凸起，一般出现在果实、种子或合生的花被片上。长有此类结构的器官被称为"具喙的"（beaked）。

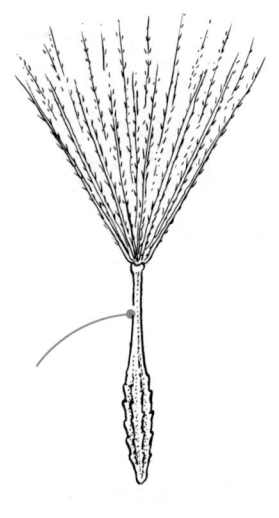

bean 豆
指豆科植物的荚果中的种子，俗语中有时也指代整个果实，此时等价于"荚果"（legume）。

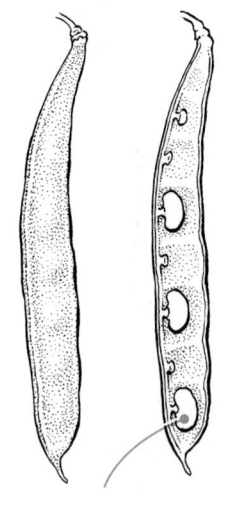

beard 具髯毛的
一丛粗长的毛或者一束毛茸茸的组织，比如某些鸢尾（有髯鸢尾亚属）的外轮花被片中肋附近的结构。

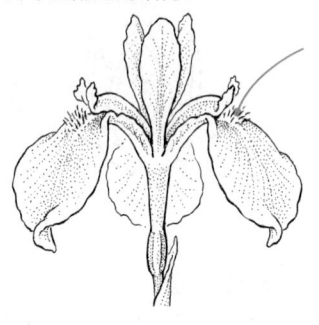

bearing 结出（果实）
常用于能生长出可食用果实的植物。

berry 浆果
由单个雌蕊（单心皮或合生的多心皮）发育而成的肉质不开裂果实，含有 1 至多枚种子。种子包含在多汁的中果皮里，内果皮很难分辨。例：蓝莓。
同义词：bacca。［译者注：但本词经常被错误地指代各种小型的肉质果实，如红树莓（raspberry，悬钩子属），其果实应该是聚合核果。］

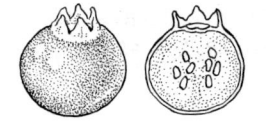

bi-
前缀，表示"二"。

bicarpellate 双心皮的
雌蕊具有 2 枚心皮，如虎耳草属（Saxifraga）。

bicolored 双色的

具有两种颜色，通常用于描述花朵，如两色金鸡菊（*Coreopsis tinctoria*）。

biconvex 双凸的

圆形而两面凸起，像兵豆（*Lens culinaris*）种子一样的形状，常用于描述种子。

同义词：lenticular（透镜状的）。

bicrenate 具重圆齿的

两级的圆齿状边缘，大的圆齿边缘上还有小的圆齿，常用于描述叶片。

同义词：doubly crenate。

bidentate 具双齿的

边缘具有两枚齿，常用于描述花被片。

biennial 二年生植物

这类植物的寿命有两年，第一年种子萌发并生长叶片，通常没有直立的地上茎而是形成莲座状的叶丛；第二年长出直立的地上茎并开花结果，种子成熟后植株即死亡。例如诸葛菜（*Orychophragmus violaceus*）。

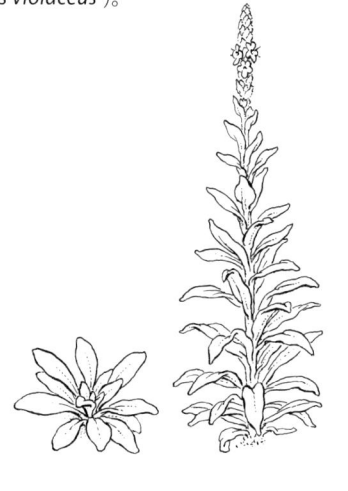

biennial bearing 隔年结果

每隔一年结出大量的果实，间隔的那一年不结果或只结极少量的果。

同义词：alternate bearing。

bifid 二裂的

从顶部深裂成两部分，见于某些叶子。

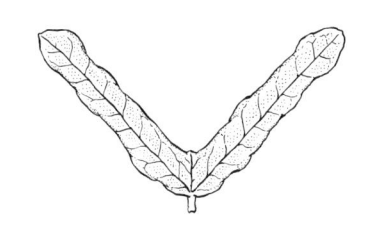

**bifoliate, bifoliolate
具两叶的，具两小叶的**

具有两片叶子或复叶中具有两片小叶。后者如羊蹄甲属（*Bauhinia*）。

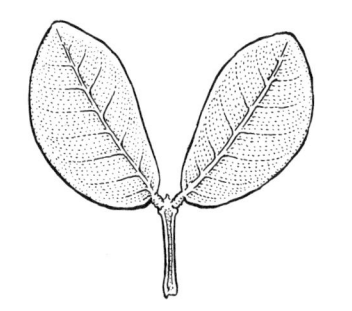

bifurcate 二叉的

顶端分成两个分支，用于描述叶脉、枝条、柱头等。

bilabiate 二唇形的

两侧对称的花冠，花冠裂片排列成上下二唇形。例如唇形科（Lamiaceae）植物的花。

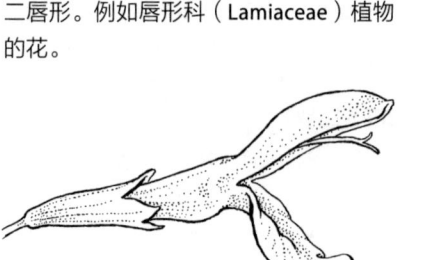

bilaterally symmetrical 两侧对称的

花朵只有一个对称面，沿着中间画一条线，可以把花冠分成左右两个镜像的部分。

同义词：irregular（不整齐的），zygomorphic（左右对称的）。

反义词：actinomorphic，radially symmetrical（辐射对称的），regular（整齐的）。

bilobed 两浅裂的

具有两个裂片，裂痕较浅。

binomial 双名法

物种的学名由两个词构成，以红花槭（*Acer rubrum*）为例，*Acer* 是属名，*rubrum* 是种加词。

bipinnate 二回羽状的

复叶中的小叶或单叶中的裂片以羽状的形式两重排列，即先沿着中轴排列成羽状复叶或裂叶后，上述结构再以羽状排列在更大的主轴上。例如合欢属（*Albizia*）的叶子。

bisected 二全裂的

完全分成两部分。

biseriate 二列的

在一个中轴的两侧排列成两排。常用于描述茎上叶的排列方式或果实中种子的排列方式。

biserrate 具重锯齿的

叶片边缘的锯齿上再生有小锯齿。

同义词：double serrate。

bisexual 两性的

一个生物体或繁殖器官中同时产生雄性和雌性的生殖细胞（精子和卵子）。用于描述花则是指花朵中既有雄蕊，也有雌蕊，并且两者都是可育的。

bitoned 双色调的

具有同种颜色的两个色调，通常用于描述花朵。

black knot 黑腐节

李属（*Prunus*）植物（尤其是樱桃和李子）枝条上的大型黑色瘤状组织，是由李黑节病菌 *Apiosporina morbosa*（译者注：原文 *Dibotryon morbosum* 是异名）导致的疾病。

bladder 囊；泡

囊状的结构，通常充满气体或液体。

blade 叶片；瓣片

叶子或花瓣中宽而平展的部分。

同义词：lamina。

blind shoot 盲枝

顶端停止生长而不产生花芽的枝条，常用于描述月季。

bloom 花；华

1. 花或花序；2. 植物表面的灰白色蜡质或粉质覆盖物；3. 快速大量生长的藻类。

blossom

花或花序。

bole 树干
树的主干或主轴，特指从根到最低的分枝之间的这一段。

bolt 窜高
植株快速长高，通常发生于幼苗或幼树获得新的资源时。

bonsai 盆景
种在花盆里的树，体型比正常的要小很多，有时是人为特意培育的，但大多数时候是野外生长在严苛环境下的植株。这个词也指中国和日本栽培这类矮化树木的园林艺术。

boot 残柄
某些棕榈科（Arecaceae）植物的叶片死亡脱落后，残余的叶柄仍然留在茎上。

bough 大树枝
大型的树枝。

bourgeon, burgeon 抽枝
芽生长成枝条的过程。

brace root 支柱根

从茎干较低处生出的不定根，有支撑茎干的作用。

同义词：anchor root，prop root，stilt root。

brachyblast 短枝

节间高度缩短的枝条，通常生有叶片和繁殖器官，如银杏（*Ginkgo biloba*）和苹果（*Malus × domestica*）。

同义词：short shoot，spur；

反义词：long shoot（长枝）。

bract 苞片

花或者花序外的由叶片特化而成的保护结构。

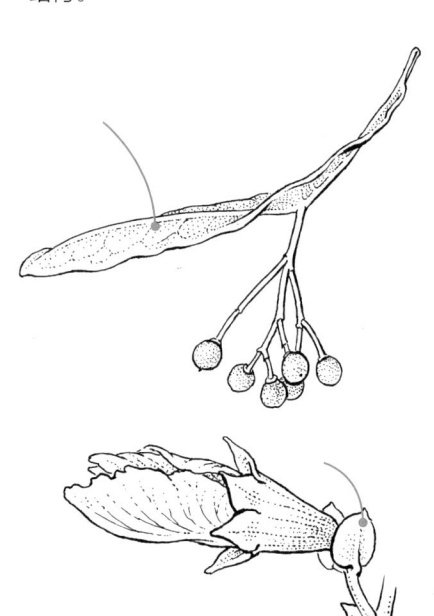

bracteate 具苞片的

花或花序外具有苞片。

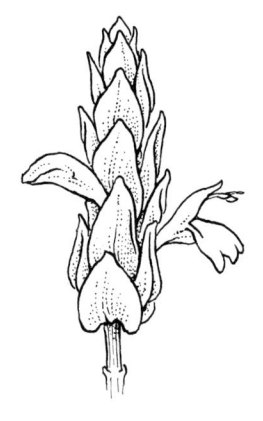

bracteose 多苞片的，苞片显著的

具有多数或显著的苞片，如狗木（*Benthamidia florida*）的花序。

bramble 刺莓（直译）；**荆棘**（意译）

多刺的灌木或藤本，尤其常用于描述红树莓和黑莓（悬钩子属），较少用于描述蔷薇科的其他带刺种类（如蔷薇属）。

branch 分枝，分支

1. 茎上分出较小的枝条；2. 一个结构分成更小的结构或片段；3. 茎产生分支或叶产生叶脉的方式。

breastwood 胸枝

墙式修剪的树木上长出的新枝，通常必须被修剪掉以保持墙式外观。

branchlet 小枝

较小的分枝。

breaking

1. 绽放，花芽或腋芽在春天张开的过程；
2. 中断、打断，比如种子萌发时中断休眠。

bristle 刚毛

细而硬的短毛。

bud 芽；花蕾

未成熟而仍然被保护结构（芽鳞、苞片、萼片等）包裹的花、叶片或茎。

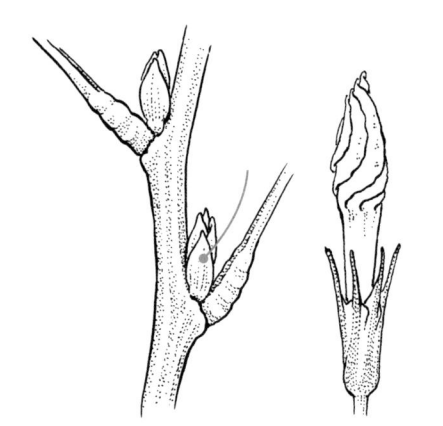

bud scales 芽鳞

芽外侧的小型叶片状结构，起到保护发育中的花、叶和茎的作用。

bulb 鳞茎

生长在地下的贮藏结构，由一个极度短缩的茎（鳞茎盘）和多数肉质的特化叶片组成，其结构中大部分是叶。例如葱属（*Allium*）、百合属（*Lilium*）。

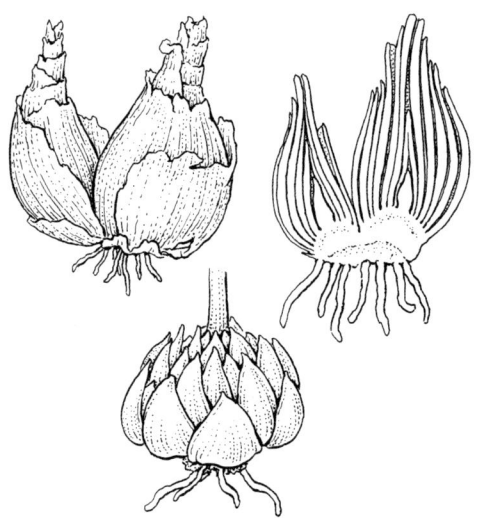
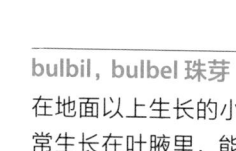
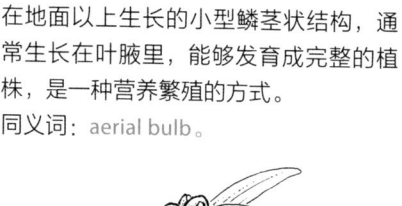

bulbil, bulbel 珠芽

在地面以上生长的小型鳞茎状结构，通常生长在叶腋里，能够发育成完整的植株，是一种营养繁殖的方式。

同义词：aerial bulb。

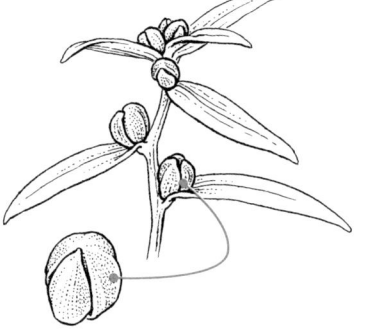

38

bulblet 小鳞茎

从大鳞茎的基部长出的小型鳞茎。（译者注：bulblet 和 bulbil 经常混用，这里按本书原意翻译。）

bundle scar 维管束痕

叶脱落之后，枝条上留下的疤痕（即"叶痕"）中维管组织的痕迹。可以在杨树、悬铃木等落叶树上观察到。

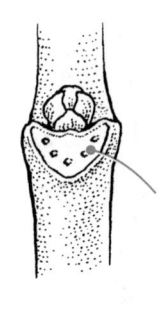

bur, burr 刺果，刺球状果序

由表面具钩刺的种子、果实、花序等形成的、能挂在动物体表以传播种子的构造。如苍耳（*Xanthium strumarium*）。

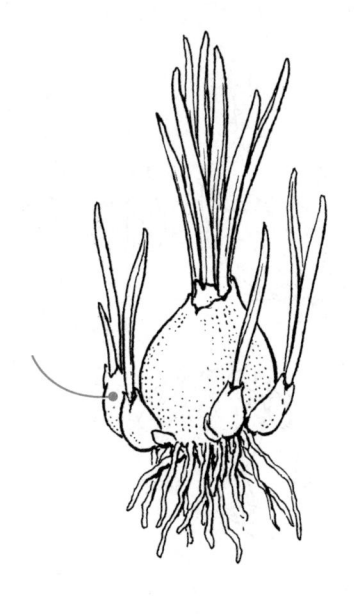

bullate 具泡状隆起的

表面呈光滑、近圆形的泡状隆起，常用于描述叶子。如泡叶枸子（*Cotoneaster bullatus*）。

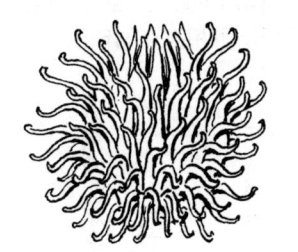

burl 树瘤

树干、树枝或根上出现的木质结节，通常是受伤或感染病害之后形成的，有用作工艺品的价值。

bush 灌木

没有明显主干的木本植物，通常比乔木矮小。

同义词：shrub。

buttress 板根

树干基部生长的宽大的板状不定根，常见于热带或湿地的大乔木上，前者如望天树（*Parashorea chinensis*），后者如落羽杉（*Taxodium distichum*）。因为这些地方的土壤很薄，根系不能扎得很深，而板根可以更好地支撑高大的树干，防止其被风吹倒。

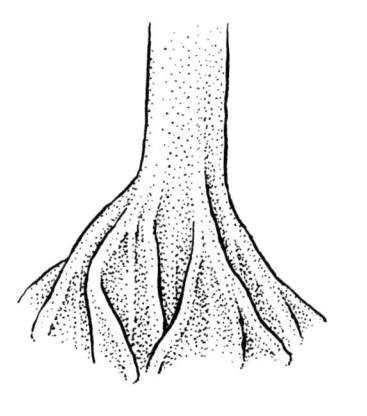

C

caducous 早落的

快速凋落的，通常用于描述花被片、托叶等器官。

caespitose, cespitose 丛生的

植株生长成密集的一丛。

同义词：clumped。

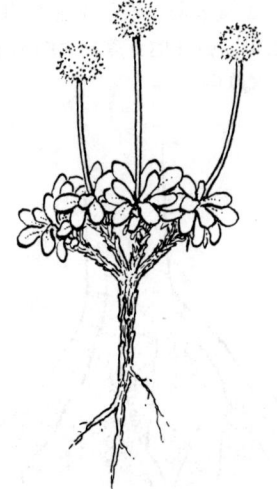

calcar 距

由花萼或花冠特化形成的中空、末端封闭的管道，内部常有蜜腺。例如紫堇属（*Corydalis*）。

同义词：spur。

calcarate 具距的

长有距的。

同义词：spurred。

---

calcareous

1. 钙质的、石灰质的，指土壤富含碳酸钙；2. 钙生的，指生活在钙质土上的植被。

---

calceolate 拖鞋状的

用于描述兰科杓兰亚科（Cypripedioideae）特有的唇瓣形态。

caliper 地径

树干离地表 6 英寸（1 英寸 ≈ 2.54 厘米）高度的直径，如果树干直径大于 4 英寸则测量离地表 12 英寸高度的直径。又见 DBH（胸径）。

---

calloused 具胼胝体的

长有胼胝体。

---

callus

（复数 calluses，calli）1. 胼胝体，厚而坚硬的凸出组织；2. 基盘，部分禾本科（Poaceae）植物外稃基部加厚伸长的部分；3. 愈伤组织，植物组织培养初期产生的未分化组织。

---

calyculate 具副萼的

在单花外侧具有环绕花萼的小苞片，如同多长了一层萼片，例如木槿属（Hibiscus）；也用于描述部分菊科植物的总苞外侧基部环绕小苞片，见下面的配图。

calcicole 钙生植物

生长在钙质土壤上的植物。

同义词：calciphile，calciphyte。

---

calcifuge 嫌钙植物

在钙质土壤上生长不良或完全无法生长的植物。

---

calciphile, calciphyte 喜钙植物，钙生植物

生长在钙质土壤上的植物。

同义词：calcicole

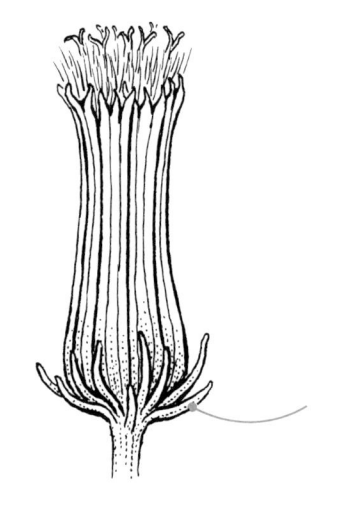

calyculus 副萼

环绕在花萼基部外侧的小苞片，形似额外的花萼。例如木槿属。

同义词：epicalyx

calyptra 帽状体

呈帽状整个脱落的萼片或苞片，前者见于罂粟科的花菱草（*Eschscholzia californica*），后者见于葱属。

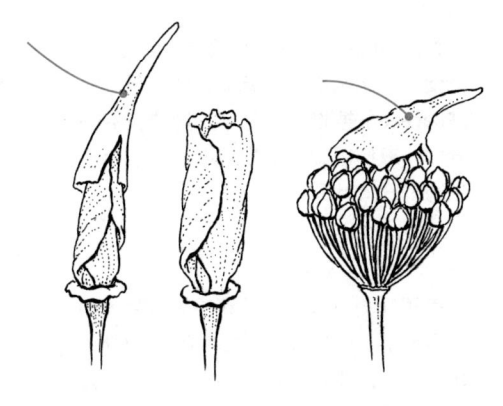

calyx 花萼

外轮花被，一朵花中所有萼片的总称。

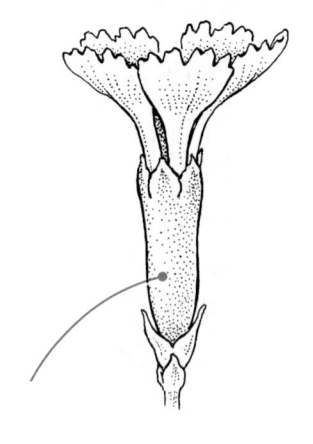

cambium 形成层

根和茎中的维管束侧生分生组织，分裂产生次生木质部和次生韧皮部。是木质根和茎增粗的源头。

campanulate 钟状的

形如钟或铃铛的。

canaliculate 具沟的

具有一条或多条纵向的沟槽。

同义词：channeled。

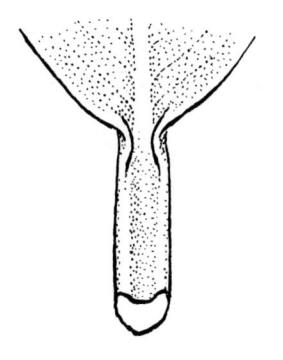

candle 新枝

特指针叶树的刚从芽里萌发出来的新枝。

cane 秆

1. 灌木的直立茎，常用于描述悬钩子属和蔷薇属；2. 禾本科植物的中空草质茎，常用于描述比较高大的种类；3. 部分兰科植物细长的假鳞茎，如石斛属（*Dendrobium*）。

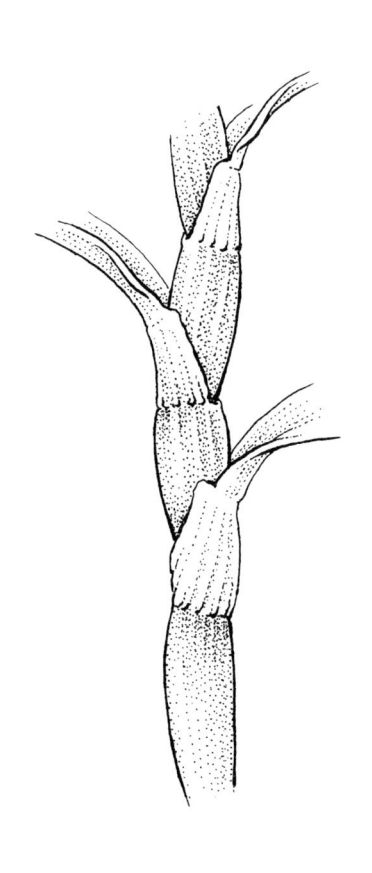

canopy

1. 树冠，乔木上部多分枝的部分；2. 冠层，森林中由大部分乔木的树冠组成的层片。

capitate 头状的

具有一个密实的头部，形状类似图钉。常用于描述雌蕊的柱头，或描述菊科密集的头状花序。

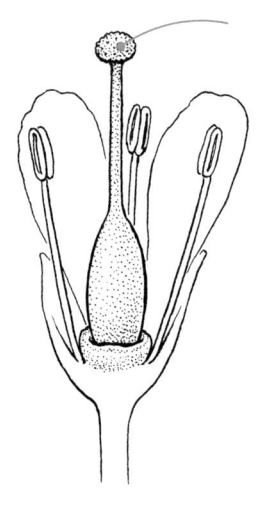

capitulum 头状花序（复数 capitula）

一种无限花序，多数无柄的花着生在一个极度缩短、有时扩展成盘状的花序轴上；通常指菊科特有的具总苞的头状花序。

同义词：head。

capsule

1. 蒴果，多枚合生心皮的子房发育而成的干燥果实，成熟时沿一条或多条缝线开裂，开裂方式包括盖裂、室间开裂、室背开裂和孔裂；2. 孢蒴，苔藓植物孢子体中包含孢子的部分。

carotene 胡萝卜素

植物中黄色、橙色和红色的色素，脂溶性，在光合作用中很重要。

carpel

1. 心皮，构成雌蕊的基本单元，包括子房、花柱和柱头的部分，内部含有胚珠，在一朵花中可能只有一枚（单雌蕊），也可能多枚离生（离生多雌蕊）或多枚合生（合生雌蕊）。2. 被子植物的大孢子叶。

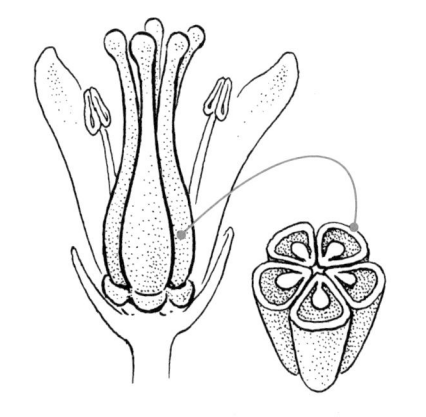

carpellate 具心皮的

（花）有心皮。

carpet-forming 毯状的

低矮、紧贴地面而密集生长的植物体形态。

carpophore 心皮柄

花托在心皮之间向上延伸而形成的中柱状结构，上方与心皮连接，见于伞形科（Apiaceae）、牻牛儿苗科（Geraniaceae）和毛茛科（Ranunculaceae）。下面的配图为伞形科的双悬果。

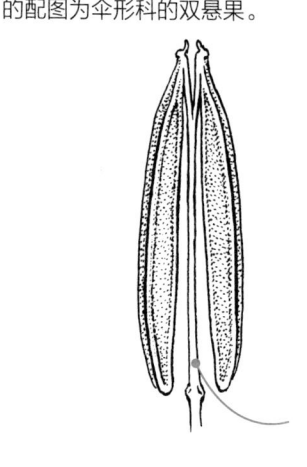

cartilaginous 软骨质的

像软骨一样硬而有弹性的组织。

caruncle 种阜

生长在种脐附近的隆起或附属物，由外珠被发育而来。

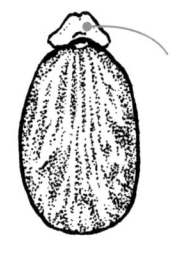

caruncular 种阜的

与种阜有关的、像种阜的。

carunculate 具种阜的

（种子）有种阜。

caryopsis 颖果

禾本科植物特有的果实形态，干燥不开
裂，只有1粒种子，果皮与种皮合生，
由一个单室子房发育而来。

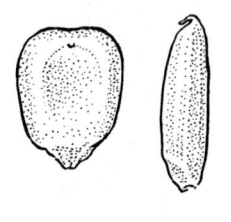

castaneous 栗色的

红褐色，类似铁锈或栗子的颜色。

同义词：ferruginous，rufous，rufus。

catkin 柔荑花序

由无花被的单性花组成的、柔软下垂或
半下垂的穗状花序。

同义词：ament。

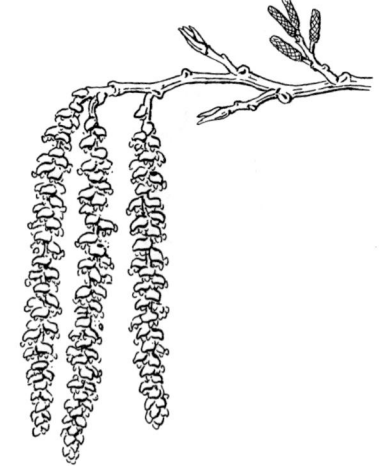

caudate 尾状的

细而长的尖端，基部显得有凹陷的边缘。
如菩提树（*Ficus religiosa*）的叶子。

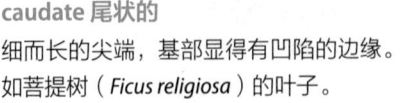

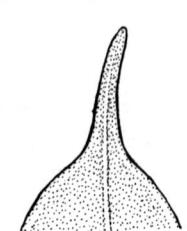

caudex 茎基

（复数：caudices，caudexes）

1. 多年生草本植物木质化的基部，生长
在地上或地下；2. 植物的主轴，指主
干和主根；3. 用于储水的膨胀的植物
基部。

caudiciform 基部膨大的

具有用于储水的膨大的茎基或根状茎，直立或藤本的地上茎由其上方长出。见于某些旱生的大戟科（Euphorbiaceae）、葫芦科（Cucurbitaceae）和豆科（Fabaceae）植物上。

cauliflorous 茎生花的

花朵生长在树干或老枝上，在热带森林的木本植物中常见。

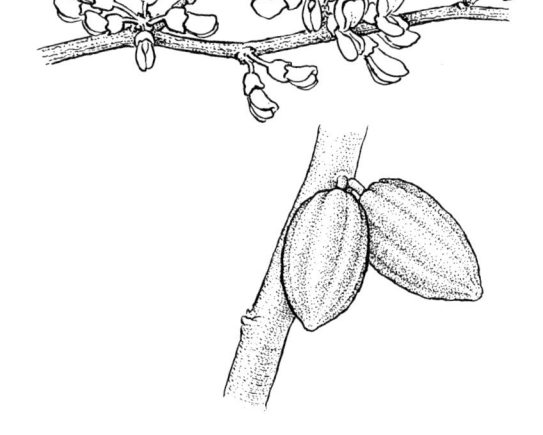

caulescent 具茎的

地表之上明显地具有具叶的茎。
反义词：无茎的。

cauline 茎生的

从地面以上的茎上生长出来，主要用于描述叶子，与"基生的"相对应。

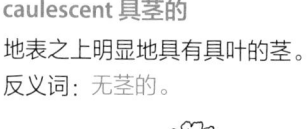

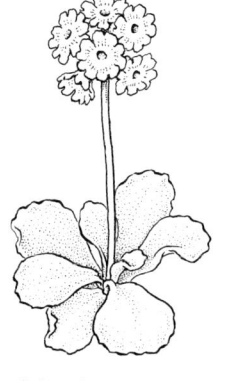

［译者注：花序梗在描述上不算地上茎，因此配图用错了，图中的报春花属（Primula）植物恰好是无茎的。］

cell

1. 空腔或小室，如花粉囊；2. 细胞，构成生物体的最基本单位。

ceraceous 产蜡的、蜡质的

能产生蜡质或看起来是蜡质。

cernuous 俯垂的

悬挂或弯曲下垂，常用于描述花。

同义词：nodding。

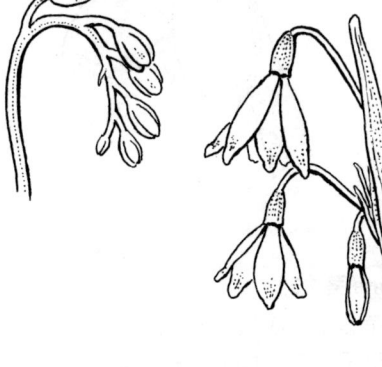
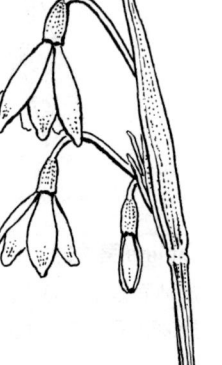

cespitose, caespitose 丛生的

植株生长成密集的一丛。

同义词：clumped。

chaff 膜片

干燥而薄的苞片或鳞片，例如某些菊科（Asteraceae）植物的头状花序上的苞片。

chaffy 具膜片的

生有膜片的。

chamaephyte 地上芽植物

在地面以上、25 厘米高度以下产生休眠芽越冬的植物。

chambered 分室的

具有多个空腔，或由壁分隔成多个中空的空间，如黑胡桃的茎髓。

channeled 具沟的

具有一条或多条纵向的沟槽。

同义词：canaliculate。

chartaceous 纸质的

质地像纸的。

chasmogamous 开花受精的

受精前花被片开放的花，通常是异花传粉。

反义词：cleistogamous（闭花受精的）。

chimera，chimaera 嵌合体

因嫁接、基因工程或突变而形成的含有两种不同基因型的植物体。

chiropterophilous 蝙蝠传粉的

适应蝙蝠传粉的花部特征，包括夜间开花、颜色暗淡、香味浓郁、花蜜量大、雄蕊和雌蕊群形成毛刷状结构等。

chiropterophily 蝙蝠传粉

chlorophyll 叶绿素

植物体内的光合色素，脂溶性。

chlorophyllous 含叶绿素的

与叶绿素有关的。

chlorosis 萎黄病，褪绿病

植株因叶绿素合成障碍而发黄，一般由营养不良导致。

ciliate 具缘毛的

（叶片、花瓣等器官的）边缘有延伸出的毛。

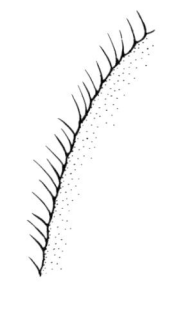

cincinnus 蝎尾状聚伞花序

（复数 cincinni）

一个模棱两可的术语，混用于两种类型的单歧聚伞花序，即螺旋状聚伞花序（helicoid cyme）和蝎尾状聚伞花序（scorpioid cyme）。

cincturing 树皮环切术

切除果树树干上的一窄条树皮，以保证有机养料在果期向果实集中，增加果实的体积和座果率。

同义词：girdling。

circinate 拳卷的

像钟表发条那样卷曲，用于描述真蕨类植物的幼叶。

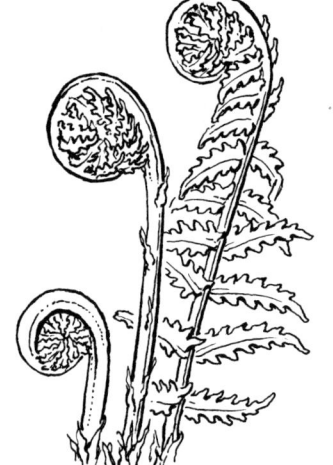

circular 环形、圆形

同义词：orbicular。

circumscissile 盖裂的，周裂的

沿着横向的环状缝线开裂，见于花药、
蒴果和苔藓的孢蒴。另见 septicidal（室
间开裂的）、loculicidal（室背开裂的）
和 poricidal（孔裂的）。

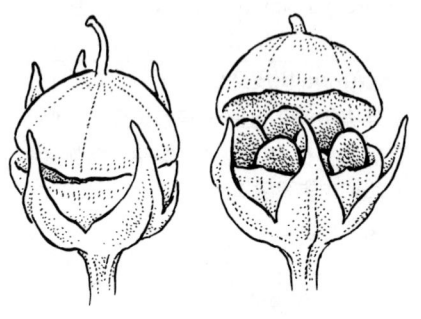

cirrose, cirrhose 具卷须的，卷须状的

叶、枝条的顶端具有卷须。

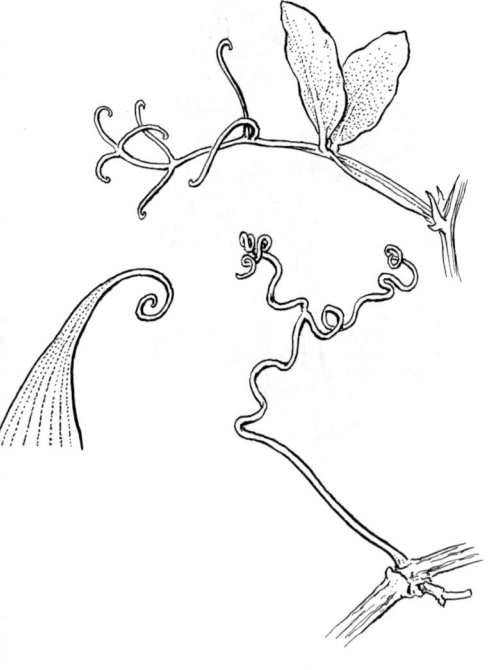

cladophyll, cladode 叶状枝

茎的形态和功能都趋近于叶子。常见于
仙人掌科。

同义词：phylloclade。

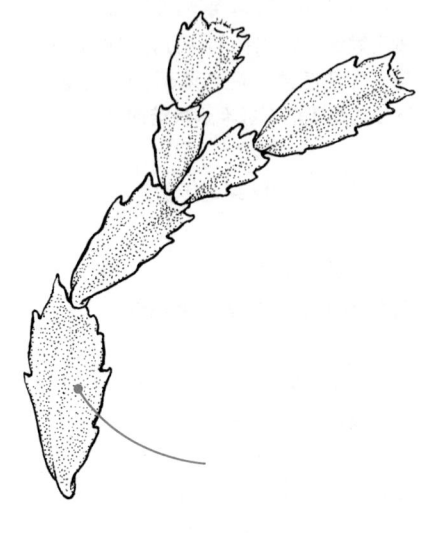

cladoptosic 枝叶同落的

小枝和叶片同时脱落。例如水杉（*Metase-
quoia glyptostroboides*）。

clambering 攀缘的

藤本植物攀爬的生长方式，但和支持物
的接触非常松散。

clasping 抱茎的

部分或全部地环抱着茎，用于描述一些叶片基部裂片。

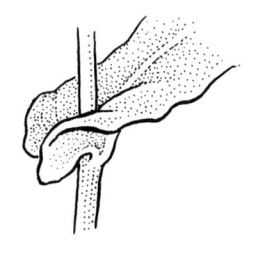

class 纲

分类阶元，大于目，小于门。

clavate，claviform 棍棒状的

向顶端渐宽。

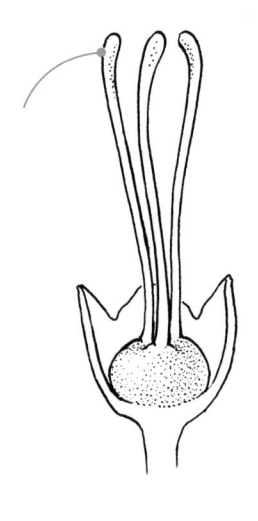

claw 爪

一些宽大器官具有的狭窄的基部，用于描述花瓣或萼片。另见 unguiculate（具爪的）。

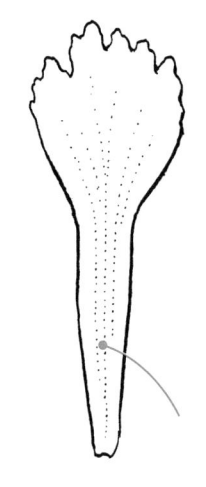

cleft 半裂的

裂开至整个器官的中部，常用于描述花瓣或叶片。

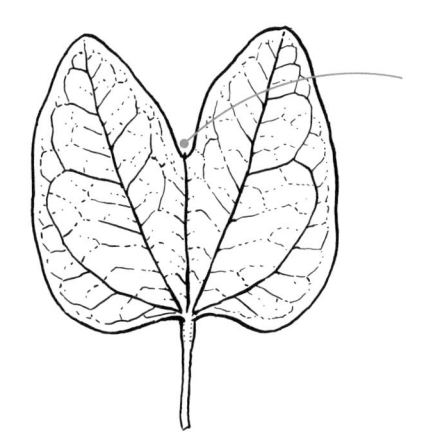

C

cleistogamous 闭花受精的

自花授粉的花朵，在授粉过程中花被片不开放。例如堇菜属（*Viola*）。

反义词：chasmogamous（开花受精的）。

climber 攀缘植物

通过依靠或紧贴在支撑物上向上生长的藤本植物。

climbing 攀缘的

依靠或紧贴在支撑物上向上生长。

clinal variation 渐变，梯度变异

同种植物不同居群的个体间，形态结构和/或遗传性随着某种环境梯度（如海拔或温度）改变而渐变的现象。

clinandrium 药窝

兰科植物的合蕊柱上包裹着花药的地方。

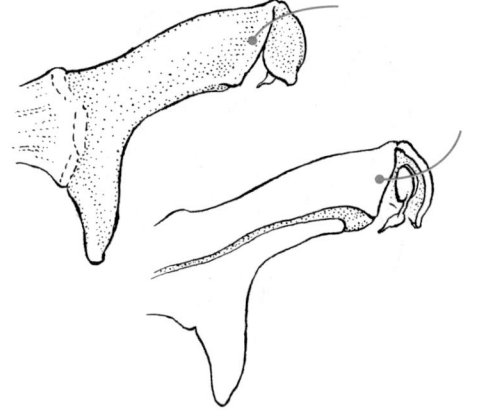

clonal 克隆的

与克隆植株有关的。

clone 无性系，克隆植株

遗传上和其他植株完全一样的个体，由母株茎营养繁殖而来，过程可以是自然的或人为的。

clove （鳞茎）瓣

某些鳞茎的一个功能完整的单元，如蒜（*Allium sativum*）的一瓣。

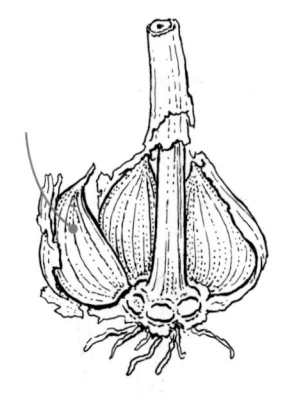

clumped 丛生的

植株生长成密集的一丛。

同义词：cespitose，caespitose。

coat 种皮；表层

表面的包被物。

coccus 分果㤪（复数 cocci）

分果中的一个单元，由果皮和种子组成，来源于多枚合生心皮中的一枚。例如老鹳草属（*Geranium*）的果实。

同义词：mericarp。

cochleate 螺卷的

像蜗牛壳一样螺旋状卷曲。

coherent 连合的

多个器官彼此靠近并松散地连合在一起。

coleoptile 胚芽鞘

单子叶植物的胚中包裹着幼叶的结构。

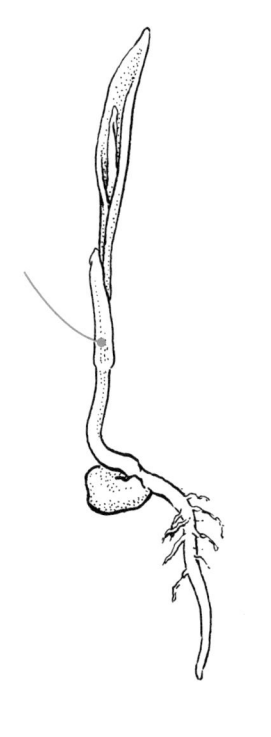

coleorhiza 胚根鞘

单子叶植物的胚包裹着幼根的结构。

collar

1. 叶颈，禾本科植物叶片和叶鞘连接处的外延部分。2. 茎颈，枝条与其母枝连接部位常见的膨大部分。

C

columella 柱状花托

某些花朵的花托柱状隆起，心皮生长在其上。这个结构在果期依然存在。例如木兰科（Magnoliaceae）。

column

1. 单体雄蕊，多枚雄蕊的花丝合生成柱状而花药离生，例如木槿属；2. 合蕊柱，雄蕊和花柱完全合生形成的结构，例如兰科（Orchidaceae）。

columnar 柱状的

形似圆柱。

coma 种缨

种子一端密集生长的一丛毛，便于种子借助风力传播。见于马利筋属（*Asclepias*）。

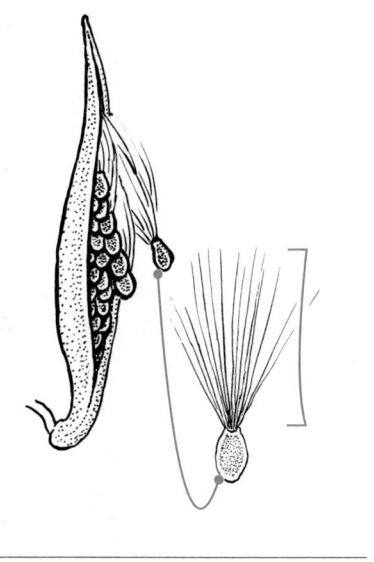

comose 具缨的

长有一丛密集的毛。

compatible 亲和的

1. 能够成功地有性繁殖。2. 嫁接在一起之后能成活。

反义词：incompatible（不亲和的）。

complete 完全（花）

一朵花中有以下所有花器官：花萼、花冠、雄蕊、雌蕊。

composite 菊花（俗称）

俗语中对所有菊科植物的通称。来自菊科的保留名 Compositae。

compound 复合

一个器官由两个以上形态相似的部分组成，常用于描述叶和花序。

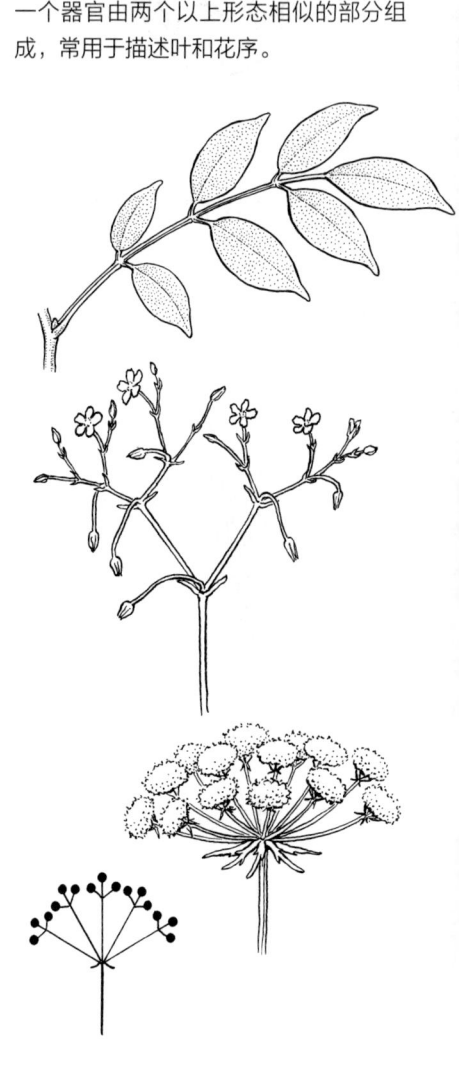

conduplicate 对折的

整个器官从基部到顶端向着腹面（近轴面）的方向对折起来，常见于棕榈科植物的叶。

反义词：reduplicate（外向对折的）。

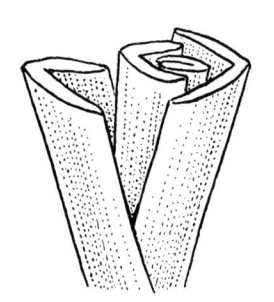

cone 球果；球花

针叶树的繁殖器官，由鳞状的孢子叶着生在中轴上形成。

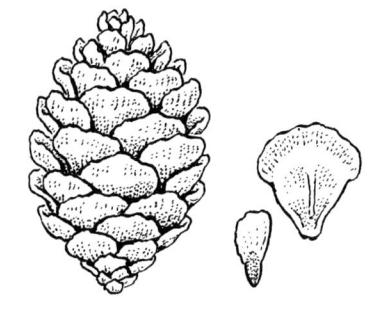

congested，conglomerate 簇生的

密集成簇的。

同义词：glomerate。

conic，conical 圆锥状的

形似圆锥的，基部宽大。

conifer 针叶树

松柏类裸子植物的统称，常具有常绿的针状叶子，繁殖器官为球花和球果。如松属（*Pinus*）、红豆杉属等。

coniferous 具球花的；具球果的

具球果或具球花的。

connate 合生的

同类器官和生在一起，如花被片、花丝等。

反义词：discrete，distinct（离生的）。

connate-perfoliate 对生联基抱茎的
对生的叶片、苞片等基部合生，茎从中间穿过。如贯叶连翘（*Hypericum perforatum*）。

connective 药隔
雄蕊花药中连接两个药室的组织。

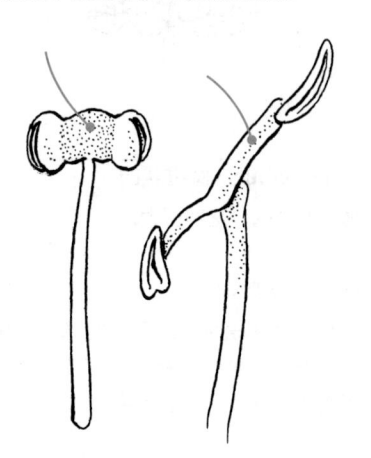

connivent 靠合
同类器官紧密地靠在一起，但并不真正联合。例如茄属（*Solanum*）的花药。

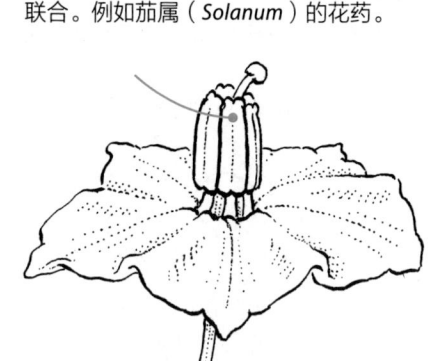

conserved 保留（名）
一些不符合《国际藻类、真菌和植物命名法规》，但经过国际植物学会议讨论通过仍然可以使用的学名。如豆科的保留名 Leguminosae。

conspecific 同种的
被分类为同一物种的。

constricted 缢缩的
变窄。
同义词：contracted。

contiguous 邻接的
相接触但并不联合的。

continuous 连续的
不中断的，成熟时不沿着某条缝线开裂的。

contorted 扭曲的
旋转的，扭转的。

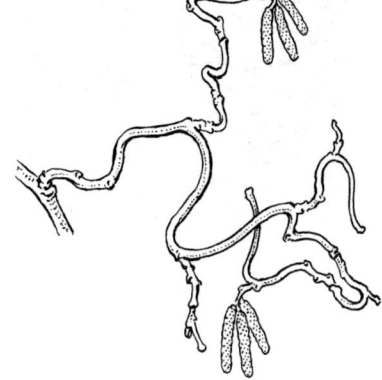

contracted 缢缩的

变窄。

同义词：constricted。

---

convolute 旋转的

花朵中每个花瓣都盖在相邻的花瓣上的排列方式。

---

coppice 矮林，萌生林

1. 定期把乔木或灌木贴地修剪以促进枝条萌生的方法；2. 以这种方法修剪出来的矮林。

cordate，cordiform 心形的

尤指叶片基部裂片的轮廓为心形。

---

coriaceous 革质的

质地类似皮革的。

---

cork 木栓层；软木

树皮最外侧防水的一层，由大量死亡的薄壁细胞组成。

---

corm 球茎

一种贮藏茎，短缩实心的茎外部覆盖纸质的叶。

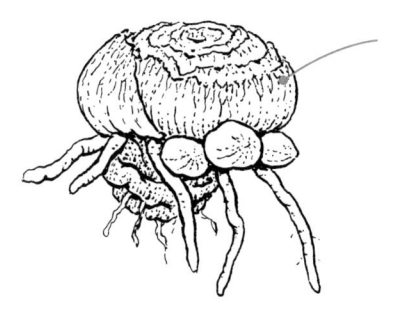

cormel 小球茎
长在大球茎基部的小型球茎。

---

cornute
具角状突起的。

---

corolla 花冠
一朵花中所有花瓣的合称。

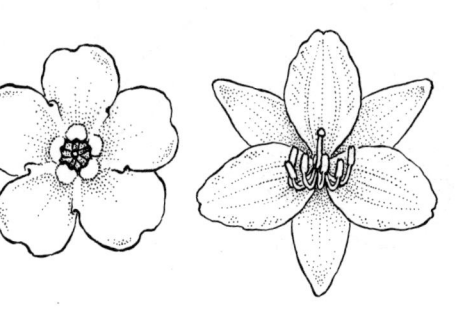

corolla tube 花冠管
合生花管形成的管状结构。

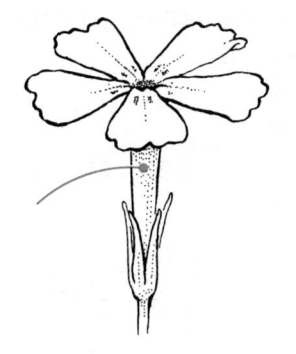

corona 副花冠
某些花在花冠和雄蕊之间具有花瓣状或花冠管状的附属结构，常为冠状。例如水仙属（*Narcissus*）、马利筋属。

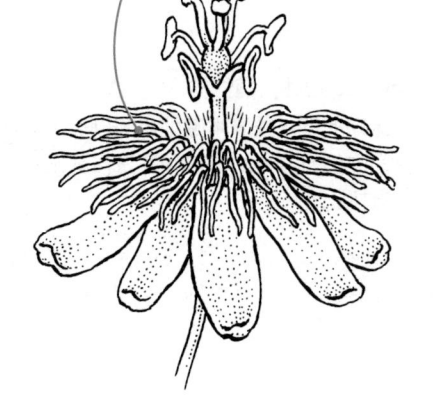

coroniform 冠状的

形似王冠的。

corpusculum 着粉腺

夹竹桃科（Apocynaceae）马利筋亚科
（Asclepiadoideae）植物中，把两枚花粉
块连接在一起，并可以黏在传粉昆虫身
上以便传播的组织。

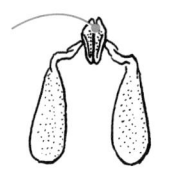

corruptule 未受精种子

未受精的苏铁胚珠发育成的看似成熟的
种子，但无法萌发。

cortex 皮层

根和茎的初生构造中，介于表皮和维
管束之间的组织，由疏松的薄壁细胞
组成。

corymb 伞房花序

总状花序的一种特殊形式，下方的花梗
比上方的长，使得所有花位于一个平面
或球面上。

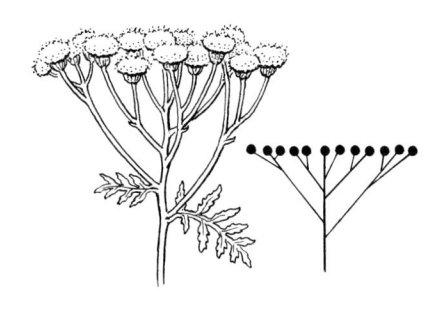

cosmopolitan 世界分布的

分布于全世界，或近乎全世界。

同义词：ubiquitous。

costa （复数 costae）肋，中肋

叶片中部凸起的结构，一般是叶脉所在
处。在棕榈科植物中由叶柄延伸入叶裂
片中。

cotyledon 子叶

胚中最初的叶。

同义词：seed leaf。

creeping 匍匐的
植株贴地生长，节上生根。

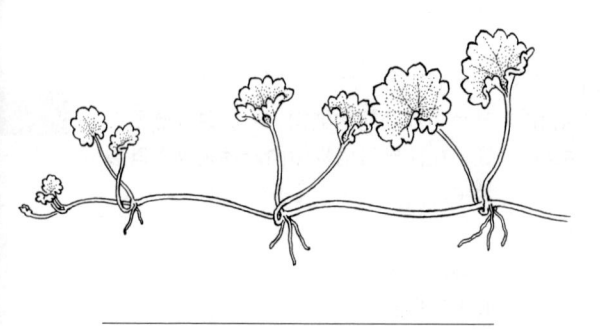

crenate 具圆齿的
叶的边缘具有圆形的齿。

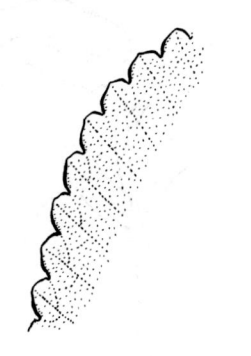

crenation 圆齿
叶边缘的圆形的齿。

crenulate 具细圆齿的
叶边缘有细小的圆形齿。

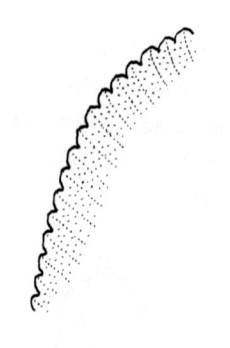

crest 脊
鸡冠状的条形凸起。

crested 具脊的
具鸡冠状凸起的，通常位于器官的顶端，如茎顶、花序和花的顶端。
同义词：fasciated。

crispate, crisped 褶皱状的
弯曲的、波浪状或褶皱状的。

cross
1. 杂交，由不同种或同种而性状不同的生物互相交配以产生新的组合性状；
2. 杂种，杂交产生的后代。另见 hybrid（杂种）。

cross-compatible 杂交亲和的
一对植物可以互相杂交产生后代的特性。

cross-pollination 交叉授粉

一株植物的花粉被转运到另一株植物的柱头并完成受精。

cross section 横切，横切面

切面与主轴垂直，简写为 x.s.。

反义词：longitudinal section（纵切、纵切面）。

crotch 杈

两根树枝或树枝与树干交汇的地方。

crown 冠

1. 树顶；2. 多年生草本植物的根颈；3. 副花冠。

crozier, crosier 拳卷叶芽

真蕨类植物拳卷的幼叶顶部。

同义词：fiddlehead。

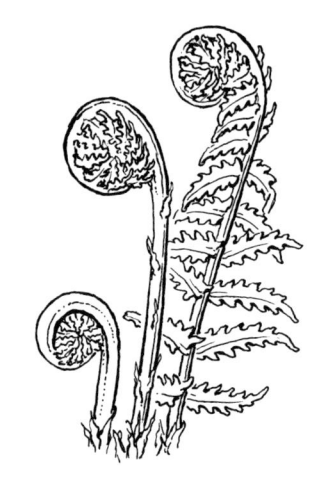

crucifer 十字形花（俗称）

俗语中对十字花科（Brassicaceae）植物的通称，由十字花科的保留名 Cruciferae 而来。

cruciform，cruciate 十字形的

花冠十字形，由 4 枚萼片、4 枚花瓣、四强雄蕊（4 长 2 短共 6 枚雄蕊）和 2 心皮的上位子房组成。

62

crustaceous 壳质的

干而脆。

cryptogam 隐花植物

用孢子而非种子繁殖的植物。

反义词：phanerogam（显花植物）。

cucullate 盔状的

形似头盔的，如乌头属（*Aconitum*）的上萼片。

cucullus 盔帽

盔状的结构，常指马利筋属植物的副花冠，亦指种皮外的覆盖层。

同义词：hood，另见 galea（盔瓣）。

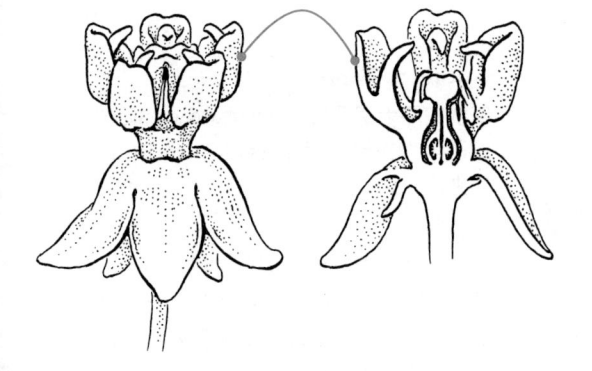

cucurbit 瓜

俗语中所有葫芦科植物的通称，比如黄瓜、南瓜、佛手瓜等。

culm 秆

中空而具髓的草质茎，如禾本科、莎草科（Cyperaceae）等。

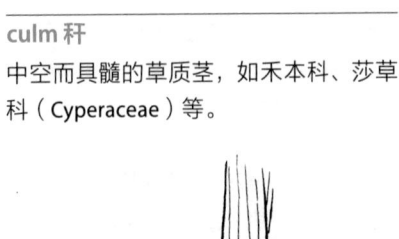

cultigen 栽培种

只有栽培植株，野外未曾见到的植物。如大白菜（*Brassica rapa* var. *pekinensis*）。

cultivar 栽培品种

人类按自身需求从野生植物中以各种手段选育出来的、具有特定性状的栽培植物，形态上与该物种典型的野生类型有较大区别。栽培品种的名称用单引号正体字写在学名后面，如 *Rhus typhina* 'Tiger Eyes'。

---

cuneate cuneiform 楔形的

叶片基部的形状，呈倒置的锐角三角形，基部渐尖。

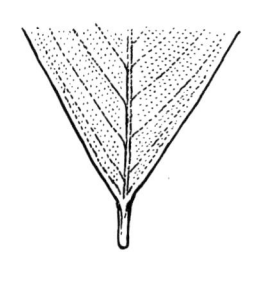

---

cusp 尖突

叶子等器官顶部的短而突然变尖的结构，另见 mucro（短尖头）。

---

cuspidate 骤尖的

顶端短而突然变尖。
同义词：mucronate。

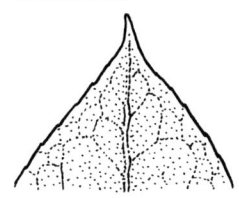

（译者注：配图有误，图表现的是渐尖。）

---

cuticle 角质层

表皮之外覆盖的蜡质层。

---

cutting 插条

用于扦插的植物枝条或叶片。

---

cyathium 大戟花序，杯状聚伞花序
（复数 cyathia）

大戟属（*Euphobia*）植物特有的花序类型，由一个花序来模拟一朵花的功能，由杯状的总苞、若干朵退化到只剩 1 枚雄蕊的雄花和 1 朵只剩 1 枚雌蕊的雌花组成。

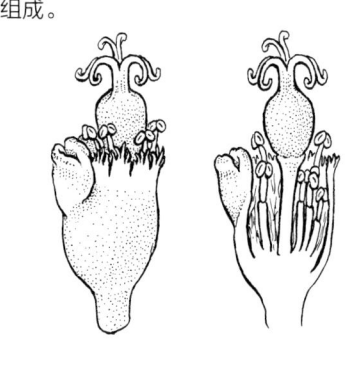

---

cupulate 杯状的

形似杯子的，或具壳斗的。

---

cupule 壳斗

壳斗科植物果实外的杯状总苞。

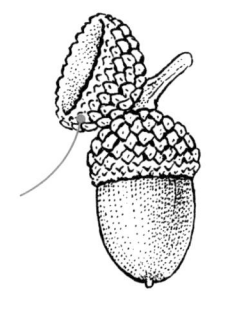

cycads 苏铁类

形似棕榈科植物的一类裸子植物，与棕榈类的区别在于繁殖器官是球果（苏铁属是例外，该属的大孢子叶不组成球果）。

cyclic 轮状排列的

花器官等排列呈显著的轮状。

cylindrical, cylindric 圆柱状的

形似圆柱的。

cyme 聚伞花序

一种有限花序，花序主轴的顶芽发育成一朵花，而由下方的侧芽继续按同样方式延伸花序。

cymose 聚伞状的

花排列成聚伞花序，或似聚伞花序的。

cypsela 连萼瘦果

菊果。菊科特有的果实形态，小型、干燥而不开裂的果实，由一个 2 枚心皮合生的雌蕊发育而来。例如药用蒲公英（ *Taraxacum officinale* ）的果实。

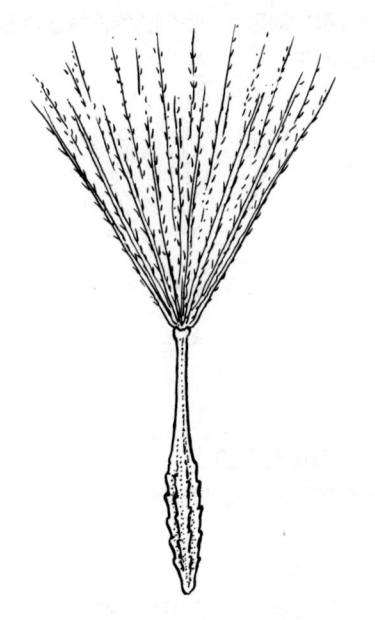

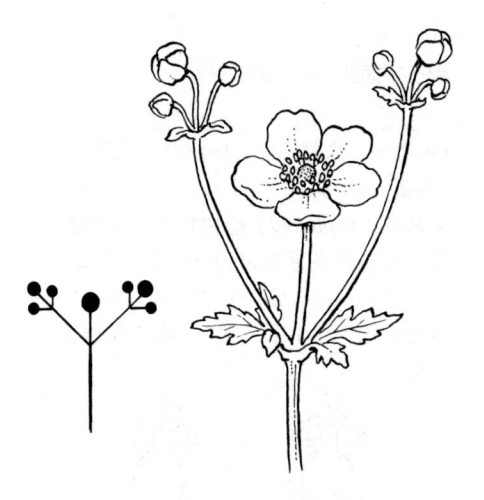

D

damping off 立枯病

多种病原体感染导致的幼苗腐烂死亡的病害。

DBH = Diameter at Breast Height 胸径

树干离地 1.5 米高处（成年人平均胸高）的直径。

deadhead 摘除枯花

能促进更多花的开放。

deciduous 脱落的、落叶的

指叶和托叶从植株上凋落，另见 persistent（宿存的）。

反义词：evergreen（常绿的）。

decumbent 外倾的

匍匐于地面生长，但端部抬头向上。

decurrent 下延的

从着生点向下延伸，如某些叶或托叶沿着茎下延。如香青属（*Anaphalis*）。

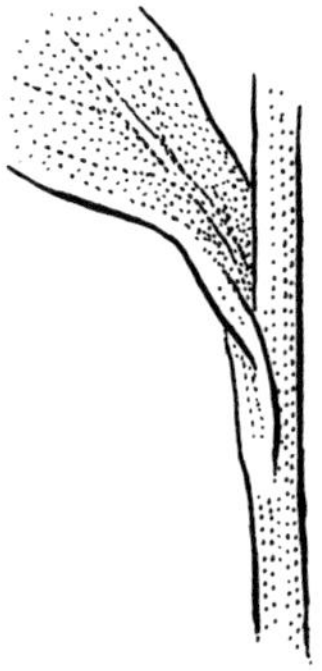

decussate 交互对生的

叶对生的植物，每两个相邻的节上的叶子彼此成 90° 角。

deltoid，deltate 正三角形的

一般指叶片呈底部平直的正三角形，叶柄着生在这条边的正中间。

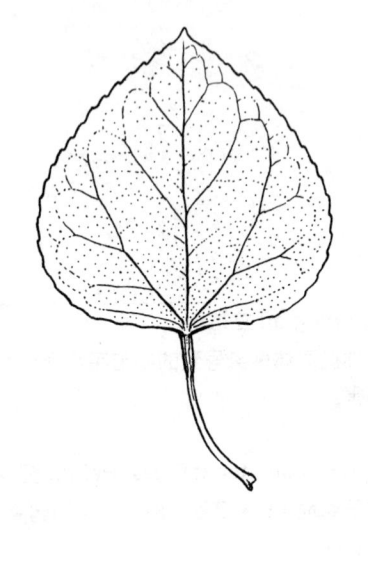

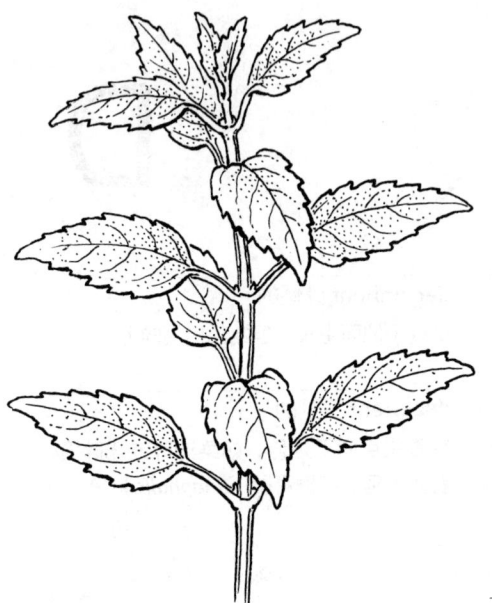

dendriform，dendroid 树状的

形状像一棵树。

dehiscence 开裂

果实、花蕾、花药等器官开裂的方式，例如周裂、室背开裂、室间开裂、孔裂，等等。

dendritic 树枝状的

像树枝一样分支。

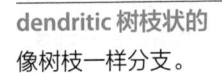

dehiscent 开裂的

成熟时开裂，如花药释放花粉、果实释放种子。

反义词：indehiscent（不开裂的）。

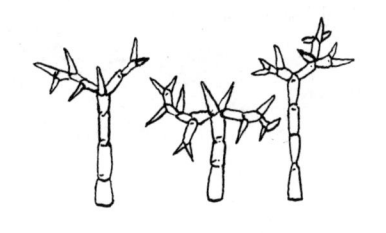

dentate 具牙齿的
边缘有齿，齿尖向外而不向前。

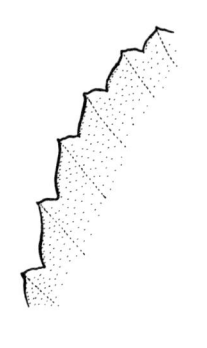

dentation 牙齿
指具牙齿的边缘的单个齿或整个边缘。

denticulate 具细牙齿的
边缘有细齿，齿尖向外而不向前。

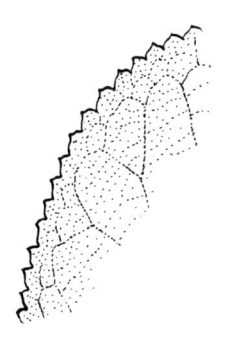

depauperate 发育不全的
比正常的组织或器官少或小。

depressed 压低的
从上方压低或压平。

descending 下斜的
指向下方的。

determinate 有限的
1. 花序中的花自上而下逐渐成熟开放，顶端的花先开而阻止花序轴继续延长。
2. 茎的顶端分生组织败育或发育成花，导致枝条停止生长。

di-
前缀，表示"二"。

diadelphous 二体雄蕊的
雄蕊群的花丝合生成两个部分，例如豆科蝶形花亚科（Papilionoideae）大部分种类的雄蕊群，其中9枚雄蕊的花丝合生，1枚离生，形成"9+1"的二体雄蕊。

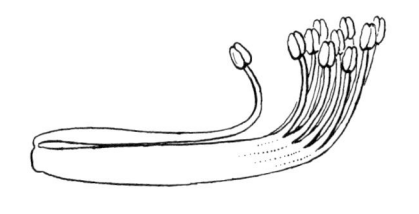

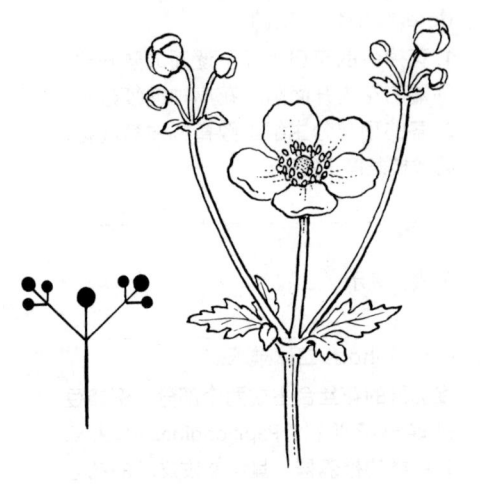

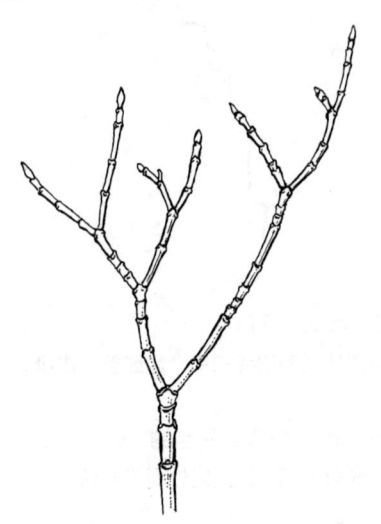

diandrous 双雄蕊的

具有 2 枚雄蕊的。

dichasium 二歧聚伞花序

聚伞花序的一种，顶芽形成的花下方有两朵对生的花（简单二歧聚伞花序）或两个次一级的聚伞花序单元（复合二歧聚伞花序）。

dichogamous 雌雄异熟的

雄性生殖器官（雄蕊）和雌性生殖器官（雌蕊）不同时成熟。

反义词：homogamous（雌雄同熟的）。

dichotomous 二歧的

1. 分枝时每次都分成两枝；2. 检索表的一种，每一步都有两个选择，每种选择指向一组不同的性状。

dicot 双子叶植物

dicotyledon 的简写形式，指被子植物中具有两枚子叶的种类，花基数通常是 4 或 5，叶脉通常是网状的。

对应词：monocot（单子叶植物）。［译者注：现代的分类系统已经不把被子植物简单地分为双子叶植物和单子叶植物，前者的大部分种类目前被称为真双子叶植物（eudicot）。］

dicotyledonous 双子叶的

具有两枚子叶的。

didynamous 二强雄蕊的

具有两对不等长的雄蕊。

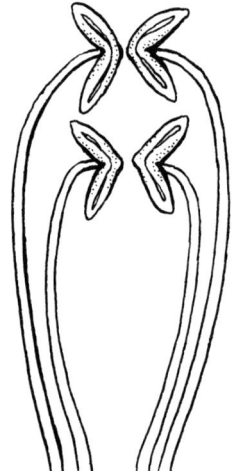

diffuse 铺散的

多分枝的茎在地面铺开的生长方式。

digitate 指状的

叶脉、叶裂片、小叶等结构从一个点
（通常是叶柄末端）上发出，形似手掌。
同义词：palmate（掌状的）。

didymous 成双的

成对生长的。

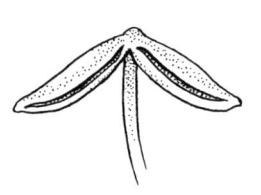

dilated

膨大的。

dimorphic 二形的

具有两种不同的形态，比如某些真蕨类植物具有可育和不可育的大型叶，球子蕨（*Onoclea sensibilis*）即是如此。

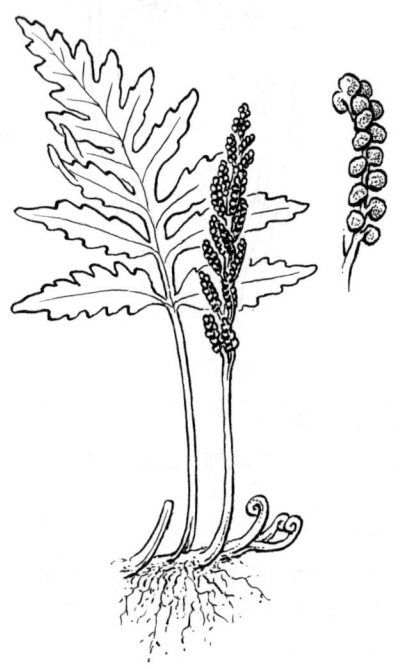

dioecious 雌雄异株的

具有单性花，雌花和雄花生长在不同的植株上。

反义词：monoecious（单性同株的）。

diploid 二倍体

具有两套同源染色体（2n），另见 haploid（单倍体）、polyploid（多倍体）、tetraploid（四倍体）。

diplostemonous

1. 雄蕊数为花瓣二倍的，另见 haplostemonous（雄蕊花瓣同数的）；2. 外轮雄蕊对萼的，具有两轮雄蕊，外轮对着花萼，内轮对着花瓣。

2 的反义词：obdiplostemonous（外轮雄蕊对瓣的）。

disarticulating 脱节的

成熟时从关节处脱开。

discoid 盘状的；具盘花的

1. 形似盘子的；2. 指部分菊科植物的花序中只有管状花没有舌状花。

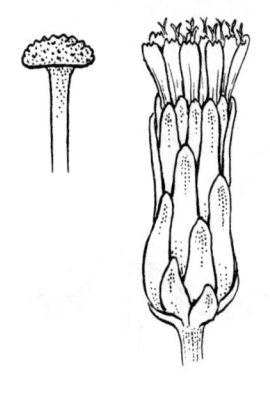

discrete 离生的

同类结构彼此分离的。

同义词：distinct。

反义词：connate（合生的）。

disk，disc 花盘

子房基部周围由花托膨大形成的组织，常为蜜腺。

disk flower 盘花

菊科植物头状花序中的管状花，花冠裂片辐射对称，不具扩展的舌片，通常生长在花序中部。

对应词：ligulate flower（舌状花），ray flower（边花）。

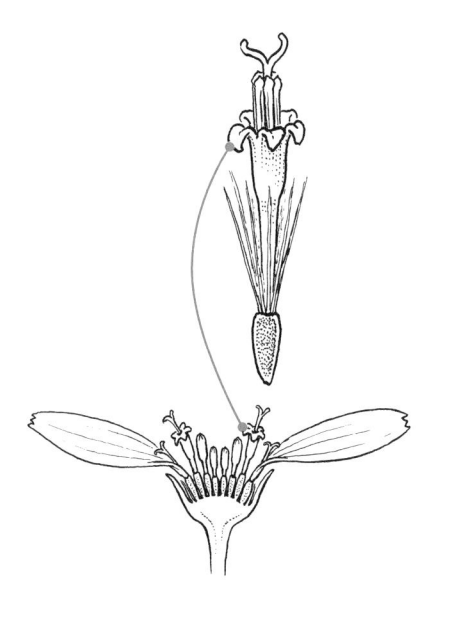

dissected 多裂的

深裂成多条裂片。

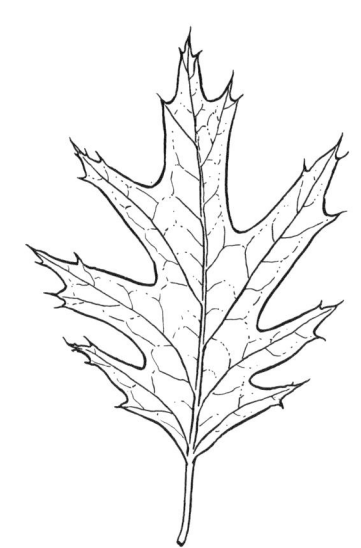

distal 远基的，远轴的

器官的顶部，离着生点最远的地方。

反义词：proximal（近基的，近轴的）。

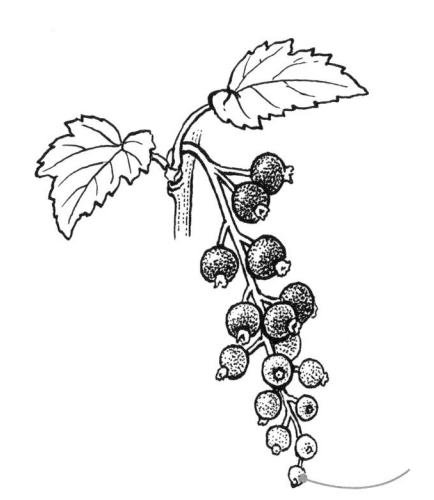

distichous 二列的

在中轴两侧排列成相对的两列，如叶在茎上或花在花序上的排列方式，令整个枝条或花序看起来像一个平面。

同义词：two-ranked。

divided 全裂的

完全分裂成两个以上的裂片，用于描述叶子。

division

1. 分株，营养繁殖的一种形式，一株多年生植物（或一丛多年生植物的克隆植株）被切成多个植株栽培。2. 门，分类阶元，比界小，比纲大，植物中门的学名后缀为"-ophyta"。

domatium 虫菌穴（复数 domatia）

小型的洞穴或有软毛的表面，通常生长在主叶脉两侧，能够为无脊椎动物提供庇护。

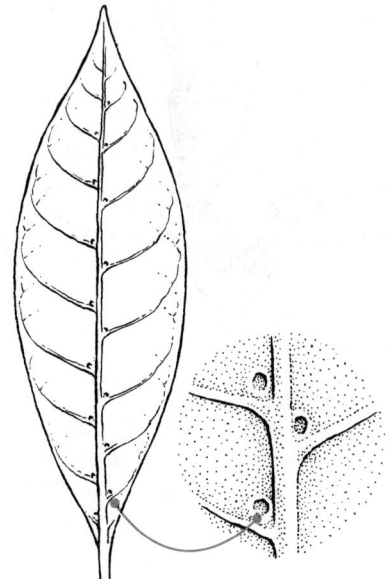

distinct 离生的

同类结构彼此分离的。

同义词：discrete。

反义词：connate（合生的）。

divaricate 极叉开的

分叉很宽的，通常用于描述枝条。

divergent 叉开的

分叉并展开的。

dormant 休眠的

生长不活跃的。

---

dorsal

1. 背面的，与轴有关的器官中远离轴的
一面，但日常使用中经常混指近轴面和
远轴面，需要认真区分。2. 上萼片，兰
花的萼片中生长在花朵上方、通常垂直
的一枚。

反义词: ventral（腹面的）。

---

dorsifixed 背着的

花丝在花药背面与之融合。另见 basi-
fixed（基着的）、medifixed（中着的）、
versatile（丁字着的）。

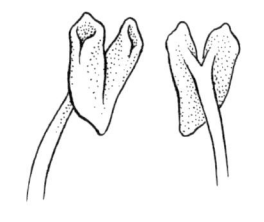

dorsiventral

1. 背腹的，有背面和腹面两个表面;
2. 压扁的。

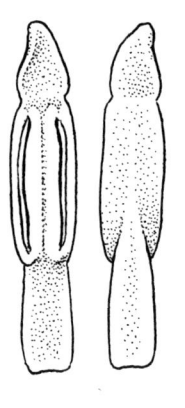

D

---

doubled 重瓣的

花冠比自然状态多出很多，例如重瓣
月季。

同义词: pleiomerous。

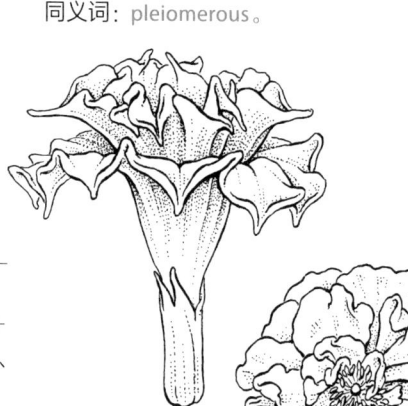

double samara 双生翅果

由二心皮子房发育而成的干燥果实，成熟时两个分果爿各长有一枚翅。例如槭属（*Acer*）。

同义词：samaroid schizocarp。

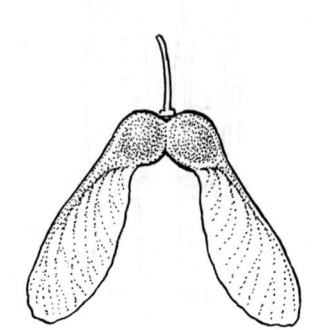

doubly crenate 具重圆齿的

两级的圆齿状边缘，大的圆齿边缘上还有小的圆齿，常用于描述叶片。

同义词：bicrenate。

doubly serrate 具重锯齿的

叶片边缘的锯齿上再生有小锯齿。

同义词：biserrate。

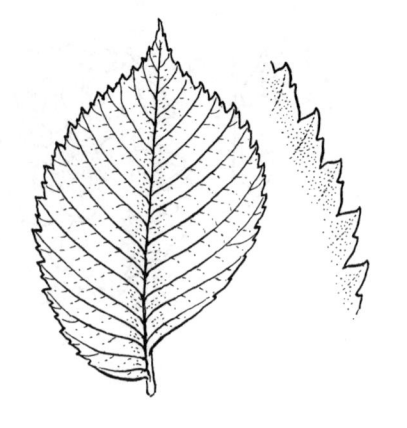

drip tip 滴水尖

叶片先端延长的尖，用于快速排干叶面上积存的雨水，常见于热带雨林的植物。

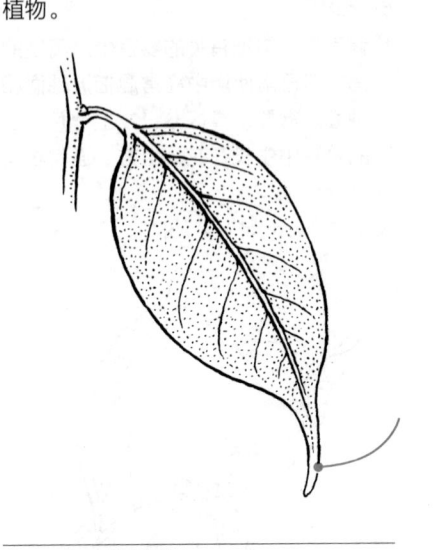

drooping 俯垂的

向下弯曲或下垂，常用于描述脱水植物的叶子。

dropper 下沉芽

由鳞茎或球茎向下方生长的芽，最终形成新的鳞茎或球茎。

同义词：sinker。

drupaceous

1. 核果状的；2. 具核果的。

drupe 核果

肉质不开裂的果实，具有膜质的外果皮、肉质的中果皮、骨质或木质的内果皮（俗称"核"）。例如桃和樱桃 [广义李属（ *Prunus* ）]。

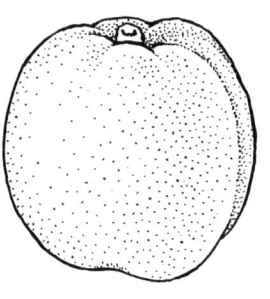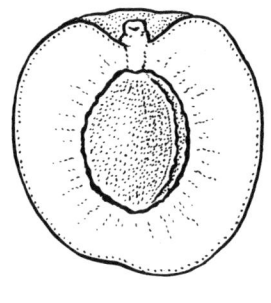

drupelet 小核果

小型的核果，多枚组成聚合果，由多枚离生心皮组成的雌蕊群发育而来。例如悬钩子属。

E

e-

前缀，表示缺失，另见 ex-。

ear 穗子

禾本科植物的穗状花序及由其发育而成的果序。例如玉米（*Zea mays*）的穗子。

eared 有耳的，耳状的

耳垂形状的，具有耳状附属物的。同义词：auriculate。

eccentric 离心的，偏心的

偏离中心的，不在中轴上的。

echinate 具刺的

具有皮刺或者刺毛。

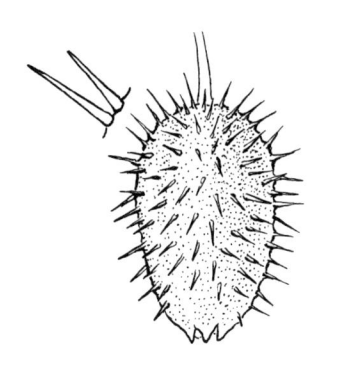

echinulate 具小刺的

具有特别短的皮刺或刺毛。

edaphic 土壤的

与土壤有关的，用于描述土壤如何影响植物生长和植物群落的场合。

eglandular 无腺体的

没有腺体。

elaiosome 油质体

种脐附近的肉质附属物，吸引蚂蚁食用并借之传播种子。例如堇菜属的种子。

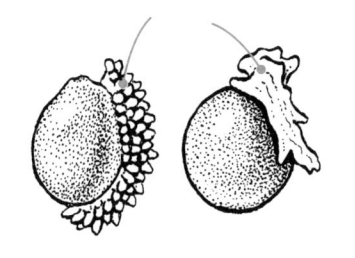

ellipsoid 椭球体形

三维的椭圆形，中部最宽，横切面为圆形，纵切面为椭圆形。

elliptic 椭圆形的

形似椭圆的，中部最宽，两端变窄的程度大致相等。

E

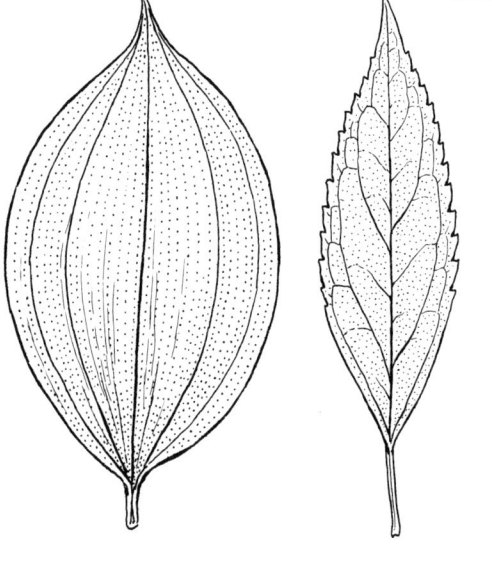

elongate 长形的

拉长的，长度大于宽度的。

emarginate 微缺的

先端圆形，中部有很浅的凹陷。
同义词：retuse。

embryo 胚

种子中的幼小植物体。（译者注：并非只有种子植物才有胚，苔藓植物、石松类和蕨类植物都有胚，只是不包裹在种子里。）

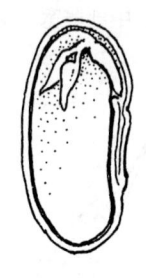

emergent 发出的，超出的

从某个表面（如水面或林冠）以下生长到以上。

emersed 出水的

从水面以下生长到水面以上，见于某些水生植物。

反义词：submerged, submersed（沉水的）。

enation 突起

表面的突出物，例如松叶蕨属（*Psilotum*）的叶状结构。

同义词：excrescence。

endemic 特有的

原生并仅分布于某些特定的地区、生境或土壤类型。

endocarp 内果皮

果皮中最靠里的一层，例如植物桃子和樱桃等李属植物的果核的壳。

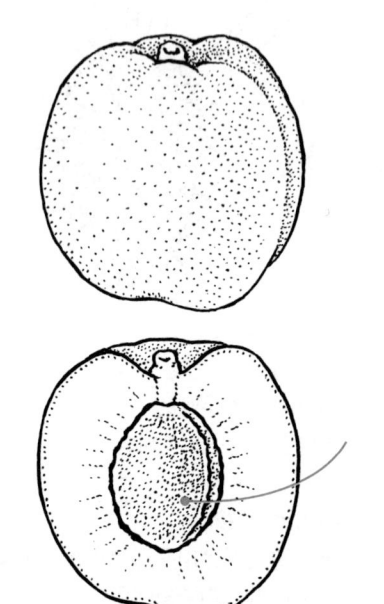

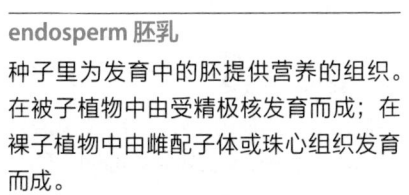

endosperm 胚乳

种子里为发育中的胚提供营养的组织。在被子植物中由受精极核发育而成；在裸子植物中由雌配子体或珠心组织发育而成。

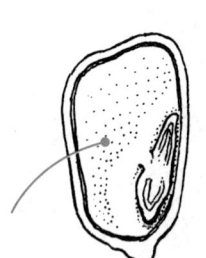

ensiform 剑形的

形如剑刃，基部最宽，向顶部缓慢变窄。
例如鸢尾属（*Iris*）的叶子。

同义词：gladiate。

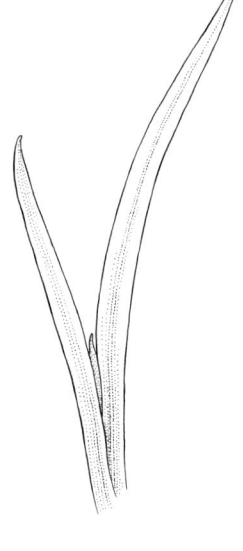

entire 全缘的

边缘完整，不分裂，也没有锯齿。

entomophagous 食虫的

部分植物具有捕食昆虫的能力。

同义词：insectivorous。

entomophilous 虫媒的

借助昆虫传粉的花。

ephemeral 短生的，短命的

寿命或持续时间很短的，常指早春短命
植物，即春天生长开花，盛夏前种子成
熟并死亡的植物。

同义词：evanescent。

epi-

前缀，表示"在……之上"。

epicalyx 副萼

环绕在花萼基部外则的一轮苞片，形似
额外的花萼。例如木槿属。

同义词：calyculus。

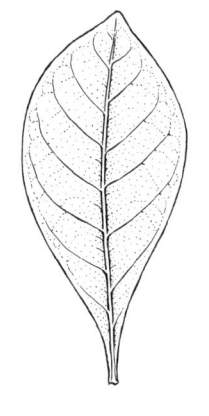

E

epicarp 外果皮

果皮中最外的一层，比如说桃子（*Prunus persica*）的皮。

同义词：exocarp。

epicotyl 上胚轴

胚或幼苗中位于子叶和第一片真叶之间的中轴部分。

反义词：hypocotyl（下胚轴）。

epidermal 表皮的

和表皮有关的。

epidermis 表皮

植物初生构造中最外层的细胞，单层或多层。

epigeal, epigeous 子叶出土的

种子萌发的一种方式，子叶随幼苗生长露出到地面以上，参与光合作用。

反义词：hypogeal，hypogeous（子叶留土的）。

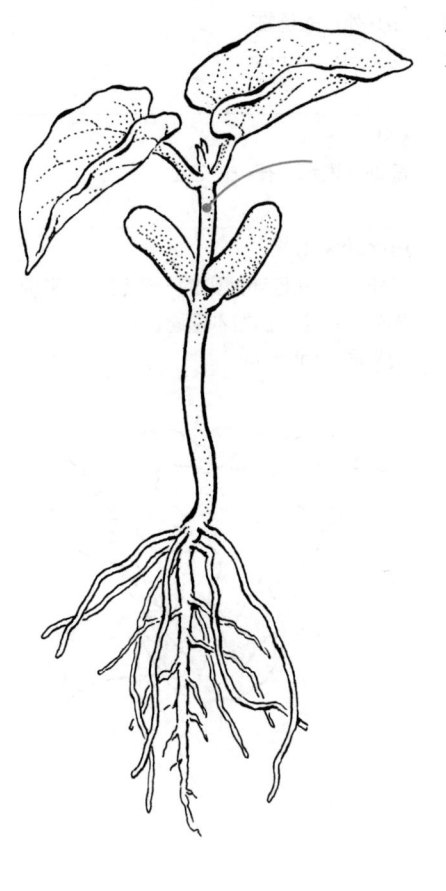

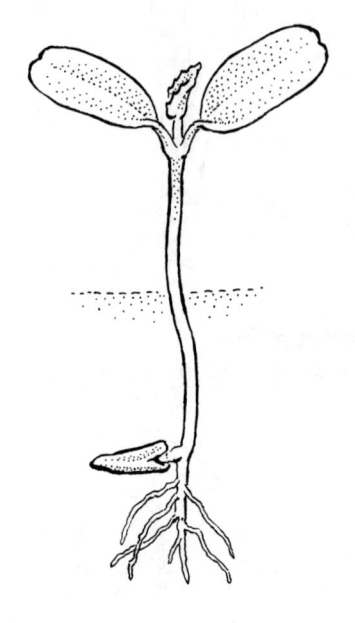

epigynous （花）上位的

亦即子房下位的，子房位于所有花器官之下，可以在花朵之外看到。本质上是花被片与子房壁完全合生了。

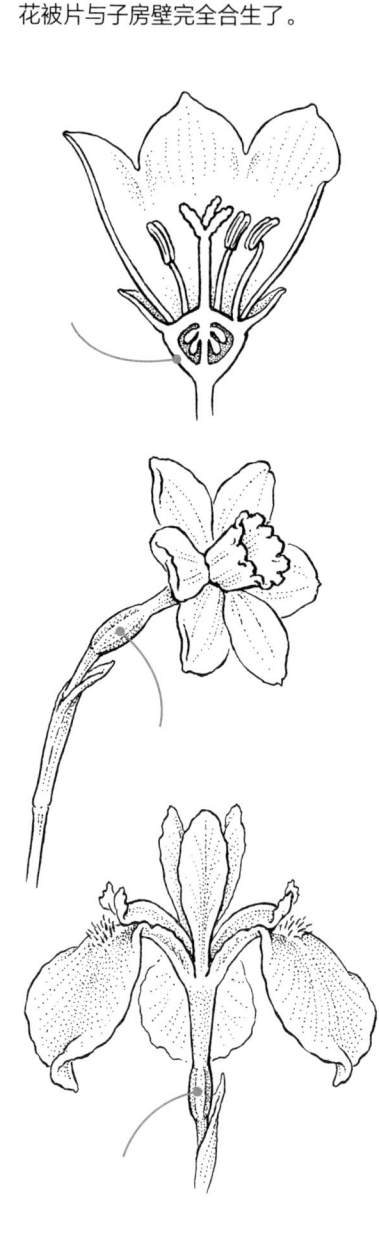

epilithic 岩生的

生长在岩石上。
同义词：epipetric。

epipetalous 花瓣上着生的

生长于花瓣上，通常用于描述雄蕊。

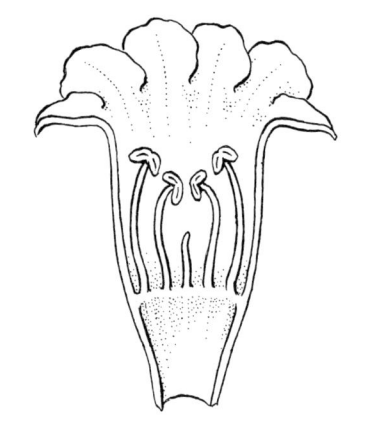

epipetric 岩生的

生长在岩石上。
同义词：epilithic。

epiphyllous 叶附生的

附着在其他植物的叶子上生长，但并不寄生于其中。例如某些地衣和叶苔。

epiphyte 附生植物

附着在其他植物上生长的植物，但并不寄生于其中。如石斛属。

epiphytic 附生的

附着在其他植物上生长，但并不寄生于其中。

81

epizoochory 动物体表传播
种子或果实生有钩刺，挂在动物的毛发上传播的方式。

equilateral 两侧相等的
常用于描述叶子，指叶脉两侧的叶片轮廓相等。

equitant 套折的
叶子基部对折并逐枚套在一起，见于鸢尾属。

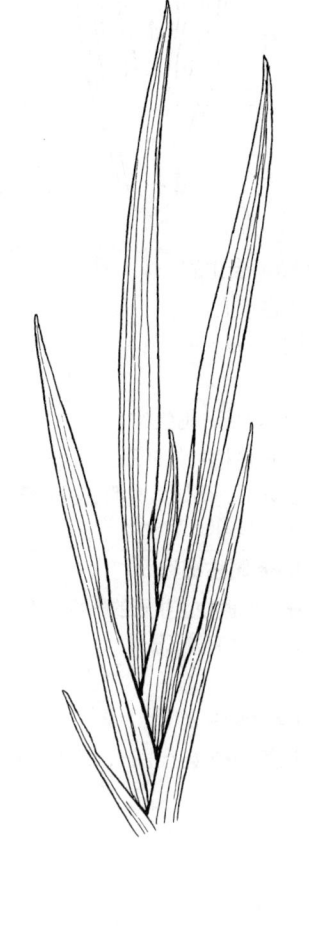

erect
直立的。

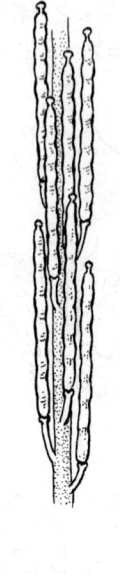

erose 啮蚀状的
边缘有不规则的齿，看起来像是被啃过的。

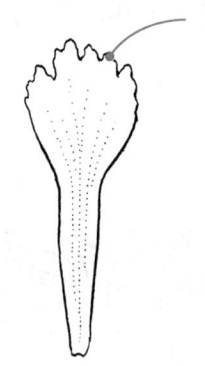

escaped 逃逸的，逸为野生的
指植物被人工栽种到一个不属于其原产地的新地区后，扩散到野外并能够自行生长繁殖的现象。

espalier

1. 墙式造型，用乔木或灌木靠着墙或篱笆造型，或直接塑形成墙状的修剪方式。
2. 墙式树木，用上述方式造型的树木。

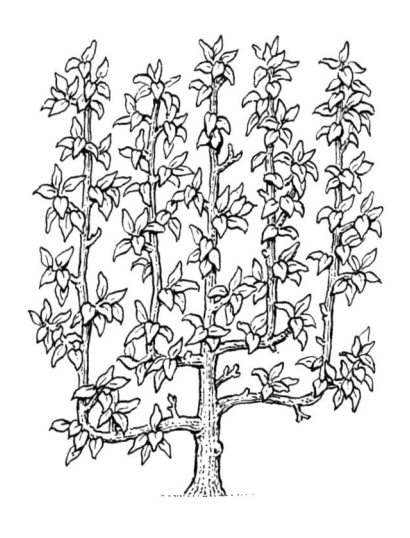

estipellate 无小托叶的

没有小托叶。
同义词：exstipellate。

estipulate 无托叶的

没有托叶。
同义词：exstipulate。

estivation, aestivation 花被卷叠式

花被片在花蕾中折叠的方式。另见 vernation（幼叶卷叠式）。（译者注：estivation 有夏眠的意思，注意不要混淆。）

etaerio 聚合果

由一朵花中的多枚离生的单心皮雌蕊发育而成的果实，可能由很多小型化的其他果实类型构成，包括翅果、核果、瘦果、蓇葖果等。例：树莓和黑莓（悬钩子属）。
同义词：aggregate fruit。

etiolated 白化的

由于缺乏光照而长得苍白而细长。

evanescent 短生的，短命的

寿命或持续时间很短的，常指早春短命植物，即春天生长开花，盛夏前种子成熟并死亡的植物。
同义词：ephemeral。

even-pinnate 偶数羽状的

由偶数枚小叶组成的羽状复叶，末端是一堆小叶。另见 imparipinnate，odd-pinnate（奇数羽状的）。
同义词：paripinnate。

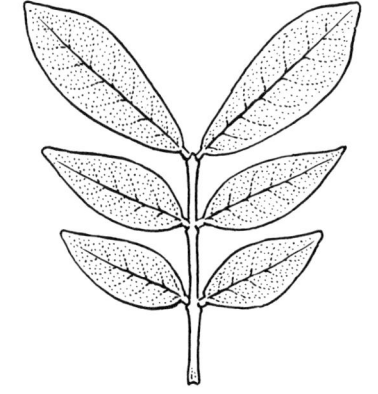

everbearing 花果不断的
在整个生长季持续不断开花结果的。

evergreen 常绿的
至少部分叶子能坚持一年以下不脱落的。
反义词：deciduous（落叶的）。

everlasting（干花）颜色不变的
干燥之后几乎能保持原色不变的花。例
如蜡菊（*Xerochrysum bracteatum*）和其
他一些菊科植物。

ex-
前缀，表示"缺少""没有"。另见 e-。

excrescence 突起
表面的突出物，例如松叶蕨属的叶状
结构。
同义词：enation。

exfoliate 片状剥落
外层组织呈片状脱落的，例如桦木属
（*Betula*）的树皮。

exine 花粉壁
花粉粒最外层的保护结构。

exocarp 外果皮
果皮（pericarp）最外层的结构。例如桃
子果肉外面的皮。
同义词：epicarp。

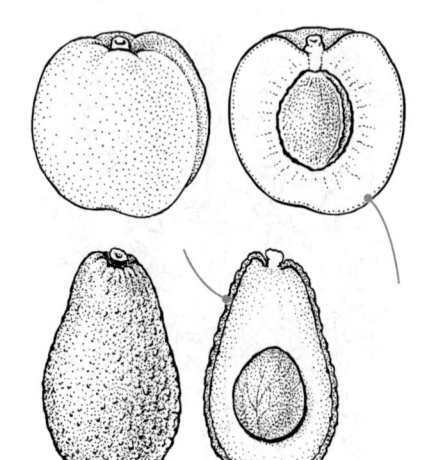

exotic 异域的，外来的
并非某个特定地区、生境或土壤类型原
生的植物；从外地引入的植物。例如在
温带地区栽种的热带植物。

explant 外植体
在组织培养中，接种到培养基上用于培
养的小块母体植物组织。

exserted 外露的

突出或伸出，例如雌蕊花柱伸出花冠之外。

反义词：included（内藏的）。

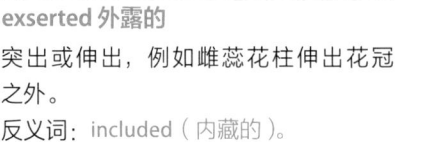

extrafloral 花外的

表示某个通常出现在花中的器官生长在花以外的地方，如蜜腺；生长在叶片或叶柄上的，称为花外蜜腺。例如西番莲属。

ex situ 人工环境的

迁地的，指人工创造的栽培环境。

exstipellate 无小托叶的

没有小托叶。

同义词：estipellate。

exstipulate 无托叶的

没有托叶。

同义词：estipulate。

extra-

前缀，表示"在……之外的"。

extrastaminal 雄蕊外的

位于雄蕊群的外侧。

extrorse 外向的；离轴的

朝外生长的，朝外开裂的，如雄蕊在远离花中轴的方向开裂。

exudate 渗出物

从受伤组织中渗出的液体。

---

eye 芽眼

1. 某些植物块茎上的节，例如马铃薯（*Solanum tuberosum*）；2. 大丽花属（*Dahlia*）位于地下的不定芽，可用于营养繁殖。

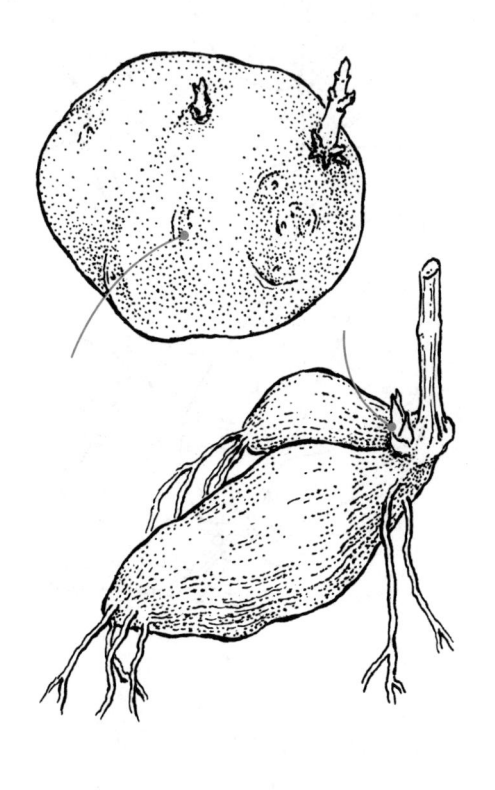

face 上面

近轴面。植物器官中向上的、向内的、朝向中轴的一面。

falcate，falciform 镰刀状的

向一侧弯曲，形似镰刀。

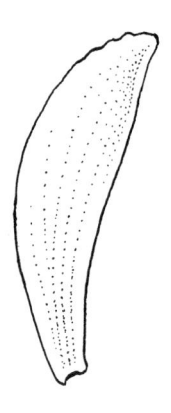

fall 垂瓣

鸢尾属的外轮花被片，另见 standard（立瓣、旗瓣）。

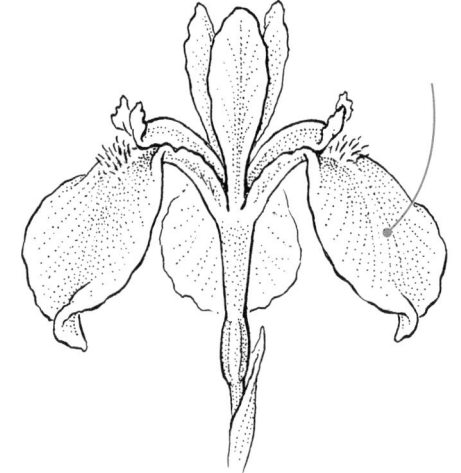

fall-bearing 秋季结果的

特指悬钩子属的一些种类的二年生枝条在其生长期的第一年 [称为当年开花茎（primocane ）] 秋天开花结果。另见 summer-bearing（夏季结果的）。

false flower 假花

非常形似一朵单花的花序，如狗木的花序、大戟属的杯状聚伞花序、菊科的头状花序等。

false fruit 假果

参与构成果实的组织并非全部来自子房，而可能来自花被、花托甚至花序轴。例如蔷薇属的蔷薇果，由凹陷的坛状花托形成。

同义词：anthocarp, pseudocarp。

false indusium 假囊群盖（复数 false indusia）

部分真蕨类叶片边缘弯曲形成的覆盖孢子囊群的结构。

family 科

一个分类阶元，比属大，比目小。植物科名的后缀是"-aceae"。

fasciated 扁化的

不正常生长导致大量的组织排成扁平状，通常见于茎顶或花序顶端。

同义词：crested。

fascicle 束、簇

一束同类的器官，如松针。

fasciculated 成束的
成束或成簇生长的。

female flower 雌花
不完全花的一种，只有可育的雌性结构（雌蕊），没有雄蕊，或只有不育的雄蕊。

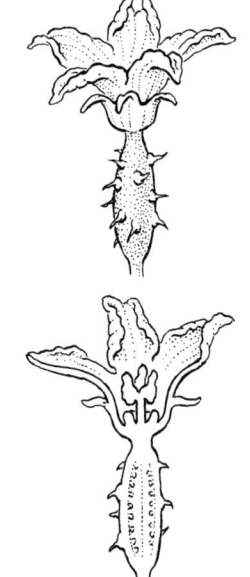

fastigiate 帚状的
丛生的枝条长成扫帚状。

faveolate，favose 蜂窝状的
有类似蜂窝的密集小孔或小凹陷。
同义词：alveolate。

feather 羽枝
当年生枝条上的侧枝。

fenestrate 具窗孔的
局部镂空，具有像窗户一样的孔。例如龟背竹属（*Monstera*）的叶子。

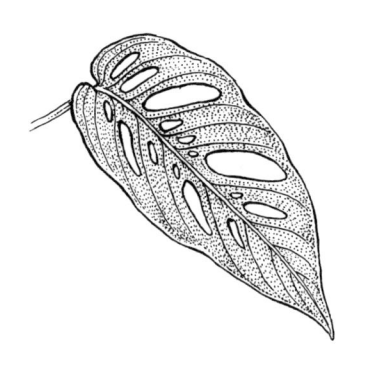

ferruginous 铁锈色的

红棕色，类似铁锈或栗子的颜色。

同义词：castaneous，rufous，rufus。

---

fertile 可育的

1. 能进行有性生殖的，通常指植物体的一部分，如花、蕨叶、雌蕊、雄蕊等；
2. 能产生花、球花、球果、孢子或种子的。

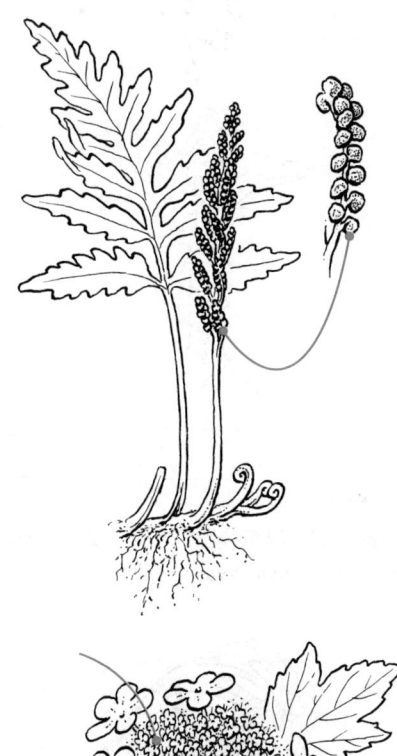

fetid 臭的

气味难闻的。

---

fibrous

1. 具纤维的；2. 纤维状的。

---

fibrous root 须根系

根系中的所有根直径都差不多，没有明显的主根。

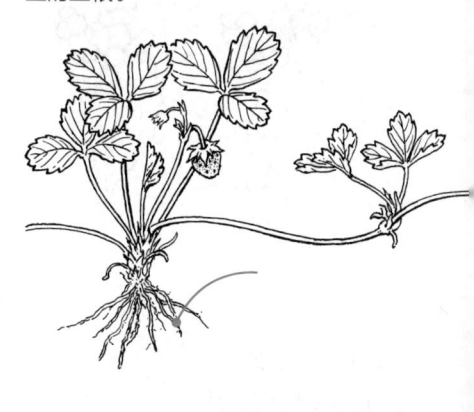

fiddlehead 拳卷叶芽

真蕨类植物拳卷的幼叶顶部。

同义词：crozier，crosier。

filament

1. 花丝，雄蕊中支撑花药的丝状结构；
2. 细的纤维。

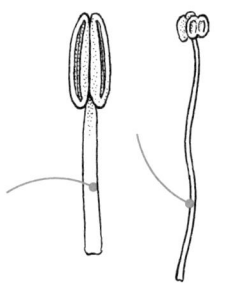

first leaf 第一片叶

幼苗中除子叶外最先长出的叶，通常和
成熟植株的叶子形态不同。

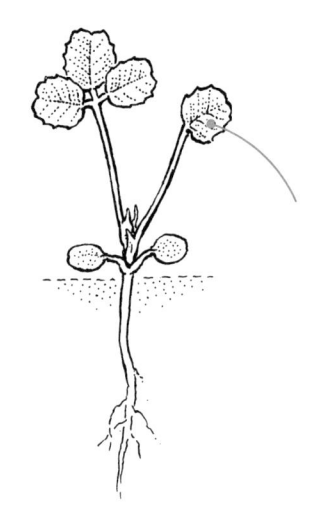

F

filamentous

1. 具花丝的；2. 形似花丝的。

filiform 线形的

指器官或器官的裂片很细，像线条。

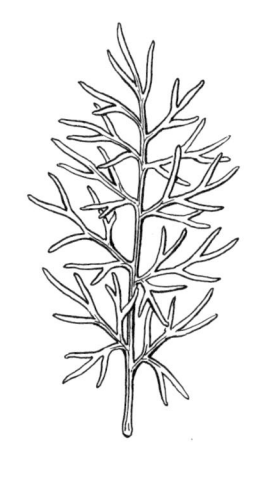

flabellate, flabelliform 扇形的

形似扇子的，例如银杏属（*Ginkgo*）的
叶子。

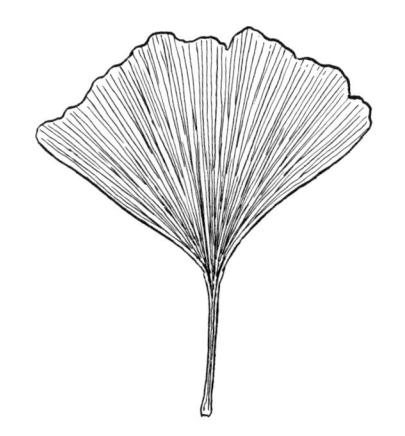

fimbriate 流苏状的

边缘有流苏状的毛，常用于描述花
被片。

flagellate 具鞭状匍匐茎的

具有长而细的匍匐茎。

同义词：sarmentose。

floral cup 被丝杯

围绕子房的管状结构，与子房离生或合生，是花托的延伸，或由外轮花器官（花萼、花冠和雄蕊）的基部合生形成。

（译者注：严格来说，花托的延伸不应算作被丝杯。）

同义词：hypanthium。

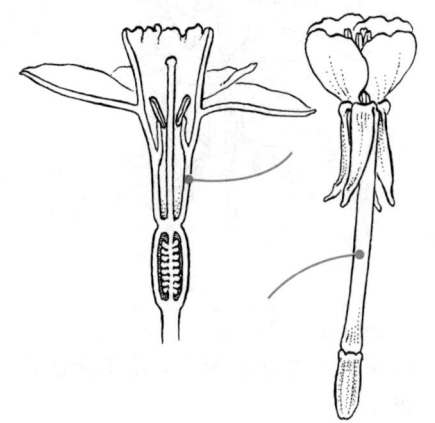

fleshy 肉质的

肥厚而充满水分的组织。

floral envelope 花被片

花萼和花冠的合称。

同义词：perianth。

flexuose, flexuous 之字形的

呈锯齿状来回弯折的，常见于合轴分枝的茎。

floral tube 花被管

合生成管状的花萼或花冠。

floral 花的

和花有关的。

floret 小花

1. 小型的花；2. 花序中的一朵单花，如菊科、伞形科、十字花科等；3. 禾本科植物花序的最小单位，由一朵花和两枚苞片（内稃和外稃）组成。[译者注：禾本科植物花序的最小单位应该是小穗（spikelet）而不是小花。]

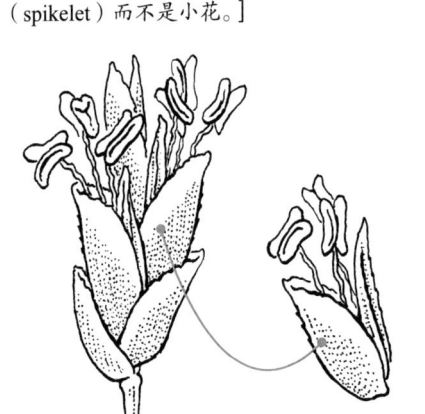

flush

木本植物长出叶子和花。

fluted 具沟的

表面具有规则排列的沟槽，用于描述圆柱形的器官。

foliaceous 叶状的

形似叶子的，常用于描述萼片和苞片。

floricane 次年开花茎

特指悬钩子属植物的二年生枝条在生长期的第二年开花结果。具有次年开花茎的植株被称为"夏季结果的"。
反义词：primocane（当年开花茎）。

flower 花

被子植物具有繁殖功能的极度缩短的枝条，一朵完整的花包括花萼、花冠、雄蕊和雌蕊。

foliage 叶

植物的叶的总称。

foliar

1. 与叶有关的；2. 叶状的。

foliate 具叶的

长有叶子的。

foliolate

1. 长有小叶的；2. 似小叶的。

follicle 蓇葖果

由单枚心皮发育而成的干燥果实，成熟时沿一侧缝线开裂，常由多枚离生心皮的雌蕊群发育成聚合蓇葖果。例如马利筋属。

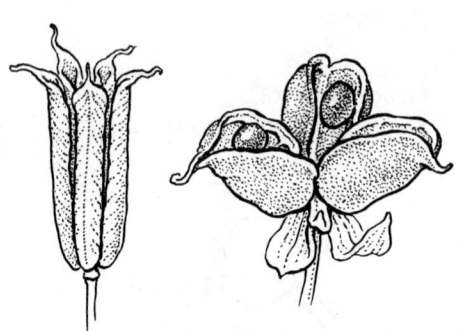

forb 非禾草类草本植物

通常指食草动物采食的禾草之外的草本植物。

force 促成栽培

用园艺技术促使植物在正常花期或节律之外开花。

form, forma 变型

一种种下分类阶元，变型的植株或居群与典型的该物种只有极小的差别，比亚种和变种都要小。（译者注：目前一般认为变型没有分类学意义。）

fornix 冠筒鳞片（复数 fornices）

花冠管喉部的小型鳞片状突起，常见于紫草科（Boraginaceae）。

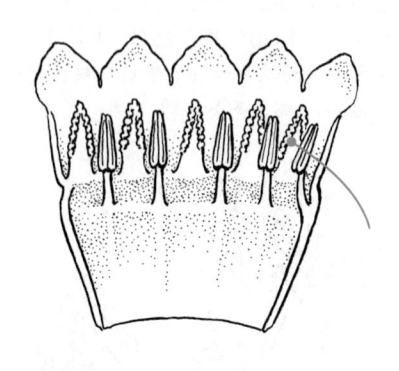

foveolate 具小孔穴的

具有小的孔穴。

free 分离的

彼此不相连接的。

free-central placentation 特立中央胎座

胚珠着生在多心皮单室子房中的孤立的胎座上，胎座与子房壁没有隔膜连接。常见于石竹科（Caryophyllaceae）和报春花科（Primulaceae）。

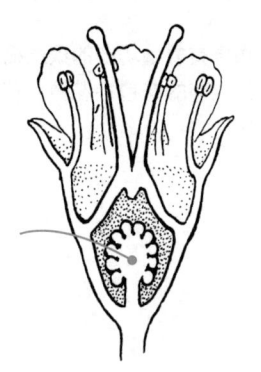

frond 叶

特指真蕨类、苏铁类和棕榈科植物的大而分裂的叶子。

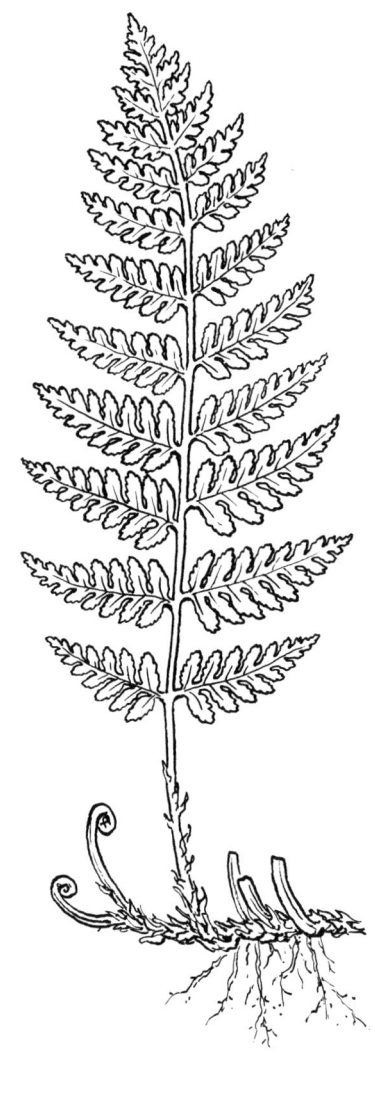

frost heaving 冻胀、霜拔

土壤中的水分结冰使得土壤和植物发生移动的现象。

同义词：heaving。

fruit 果实

被子植物的繁殖器官，由子房发育而成，内部含有种子。

fruit set 座果

果实发育的极早期，子房刚刚开始发育为果实的时期，标志是花被片和雄蕊脱落，而子房开始轻微地膨大。

fruticose, frutescent 灌木状的

形似灌木的。

fulvous

黄褐色的。

funicle, funiculus 珠柄、种柄

连接胚珠和胎座、种子和果皮的结构。

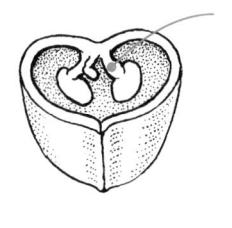

funnel-shaped, funnel-form 漏斗形的
形似漏斗的，开口宽大而向下逐渐收窄为一狭窄的圆筒。

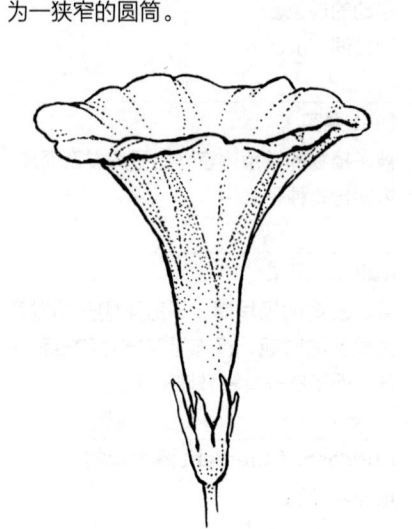

furfuraceous 具软鳞片的
软鳞片状的。被软而薄的鳞片覆盖。

furrowed 具深纵沟的
表面有深的纵向沟槽，主要用于描述树皮。

fused 融合的
包括贴生的和合生的。

fusiform 纺锤形的
形似纺锤的三维形状，中部最宽，两端尖锐。

G

galea 盔瓣

位于上方的花被片形成的类似头盔或兜帽的结构，例如乌头属的上萼片。

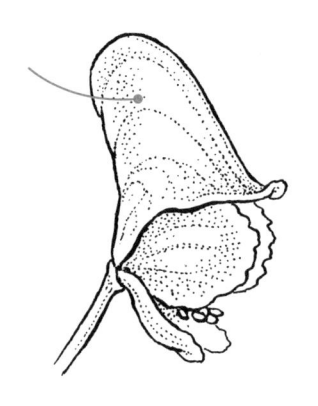

gall 瘿

在由寄生性昆虫、细菌、真菌等造成的伤口附近由大量增生的植物组织所形成的结构。

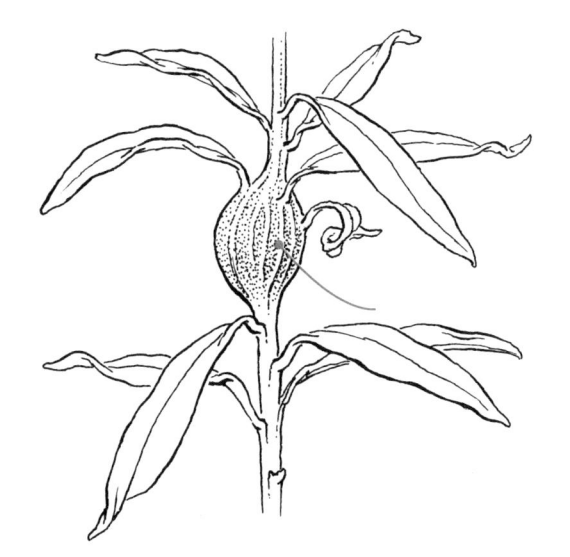

gametes 配子

参与有性生殖的单倍体性细胞，亦即精子和卵子。

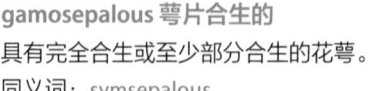

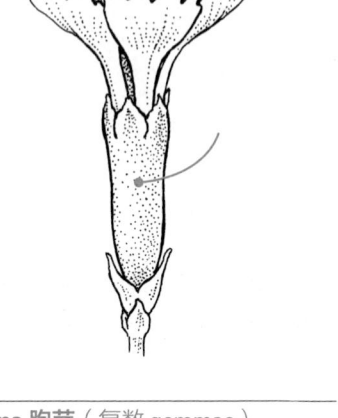

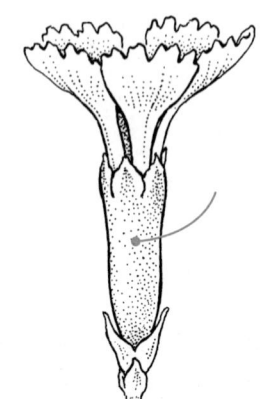

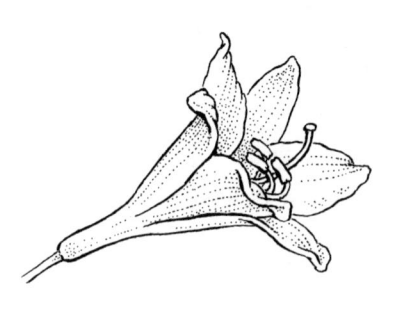

gametophyte 配子体

植物生活史中只有一套染色体的阶段（单倍体世代，1n），产生配子（精子或卵子）。在种子植物中，配子体是胚囊和成熟花粉粒。在苔藓植物中，配子体世代在时间和体型上都占优势，是生活史中最显著的阶段。

对应词：sporophyte（孢子体）。

gamo-

前缀，表示"合生"。

gamopetalous 合瓣的

具有完全合生或至少部分合生的花冠。同义词：sympetalous。

gamosepalous 萼片合生的

具有完全合生或至少部分合生的花萼。同义词：symsepalous。

gemma 胞芽（复数 gemmae）

植物体上用于营养繁殖的一簇细胞或类似芽的结构，从母体上分离后可以长成新的植株。常见于苔类植物。

genet 基株

由营养繁殖方式产生的无性系群体，群体中的每个个体称为分株（ramet）。

geniculate 膝屈的

像膝关节或肘关节一样弯曲的。

genus 属（复数 genera）
一个分类阶元，比科小，比种大，可能从属于某个亚科或族。

geophyte 地下芽植物
地上部分枯死，以根、鳞茎、块茎、块根或根状茎等地下器官度过环境严酷时期的植物。

geotropism 向地性
根向着重力方向生长而芽向着相反方向。
同义词：gravitropism。

germination 萌发
种子或孢子开始生长。

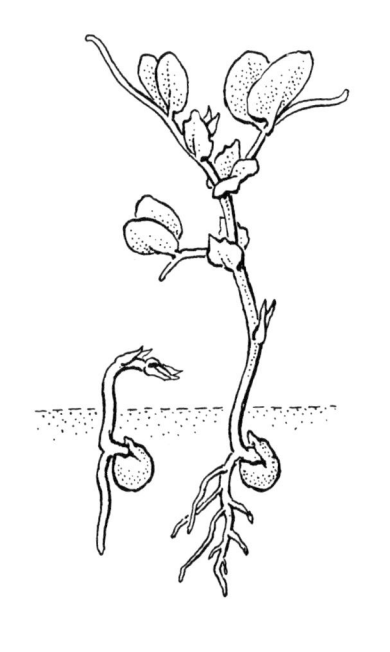

gibbous 囊状的
位于（通常是花冠管的）一侧的囊状结构。

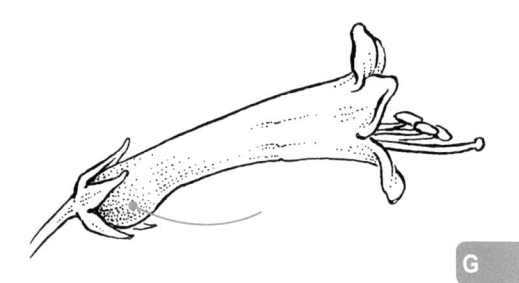

G

girdling 环切
1. 环状切除树皮，包括木质部之外所有活的维管组织，完全阻止水分和营养的运输，最终导致树木死亡。2. 切除果树树干上的一窄条树皮，以保证有机养料在果期向果实集中，增加果实的体积和座果率。
2 的同义词：cincturing。

glabrate, glabrescent 变秃的
脱毛的，变成无毛的，见于某些叶子的成熟过程。

glabrous 无毛的
没有毛。

gladiate 剑形的
形如剑刃，基部最宽，向顶部缓慢变窄。例如鸢尾属的叶子。
同义词：ensiform。

gland 腺体

分泌油性或含糖物质的器官，常用于吸引昆虫。

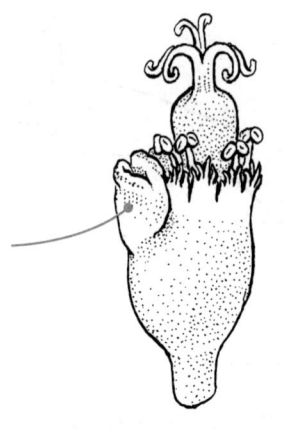

glandular 腺的

具腺的，长有腺体的，或与腺体有关的。

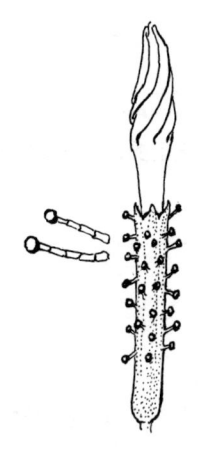

glaucous 具白霜的

表面具有容易擦去的蜡质白色粉末。

globose, globular 球状的，立体的圆球形

同义词：spherical。

glochid 钩毛，倒刺毛
（复数 glochidia）

细小的具倒刺的毛或刚毛，见于仙人掌科植物的节上的刺形叶周围。

glomerate 密集成簇的

同义词：congested，conglomerate。

glume 颖片

禾本科植物小穗最外侧的一或两朵不孕花的苞片。

grafting 嫁接

使两株或更多植物通过切开的表面合生到一起的繁殖技术。嫁接有很多种方式，但绝大多数都是把一根茎的顶端［即接穗（scion）］嫁接到一根去掉了顶部的枝条或幼树［即砧木（rootstock）］上。嫁接是繁殖木本果树如苹果、桃子、樱桃等最主要的方法。

grain

1. 颖果，禾本科植物特有的果实形态，干燥不开裂，只有一粒种子，果皮与种皮合生，由一个单室子房发育而来。
2. 木材中纤维的垂直分布模式。
1 的同义词：caryopsis。

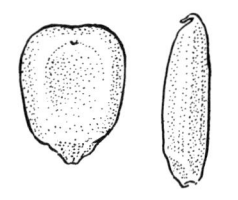

granular 颗粒状的

具有或由小的颗粒状结构组成。

gravitropism 向地性

根向着重力方向生长而芽向着相反方向。
同义词：geotropism。

grex 杂交群（复数 greges）

一组特定的人工杂交后代，通常用于称呼兰花（Orchidaceae）和杜鹃花属（*Rhododendron*）的人工杂交品种，有时也作为非正式的分类阶元使用。

ground cover 地被

出于改善地表外观和防止水土流失而栽培的植物，通常是低矮、密集或贴地生长的物种。

growth habit 习性

植物的生长习性，如灌木、乔木、匍匐、攀缘等。
同义词：habit。

guttation 吐水作用

从叶缘或叶尖排出液滴的现象。

gymnosperm 裸子植物

种子植物的一个分支，特征是裸露的胚珠直接生长在大孢子叶（如松树雌球花的珠鳞）上，并发育成裸露的种子。

G

gynandrium 合蕊柱
由雄蕊和雌蕊花柱合生而成的结构，见于兰科。

gynandrous 雌雄蕊合生的
雄蕊和雌蕊合生的。

gynobase 雌蕊基
膨大的花托，雌蕊生于其上，见于唇形科和紫草科。

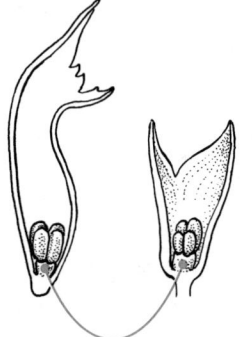

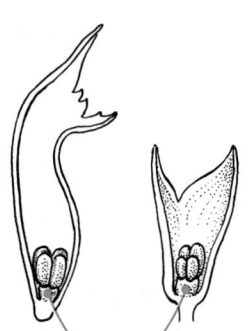

gynoecium 雌蕊群
一朵花中雌性繁殖结构的总称，包含一个或多个雌蕊。

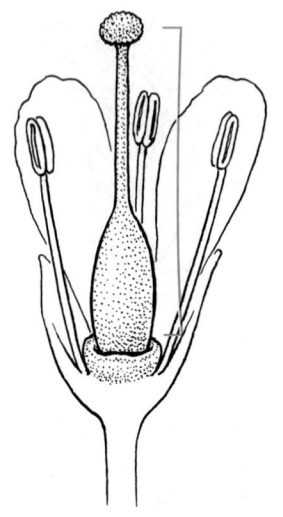

gynophore 雌蕊柄
雌蕊群柄，花托的延伸，将雌蕊或雌蕊群举高的结构。

gynostegium 合蕊冠
由雄蕊和雌蕊合生而成，并由雄蕊的一部分特化成形似花冠的结构，例如马利筋属。

H

habit 习性
植物的生长习性，如灌木、乔木、匍匐、攀缘等。
同义词：growth habit。

habitat 生境
植物生长的环境或地点的类型，例如干旱、潮湿、沙漠、草原等。

haft
1. 爪，某些花朵中花萼或花瓣的长而狭窄的基部；2. 叶柄或茎上绿色的翅。

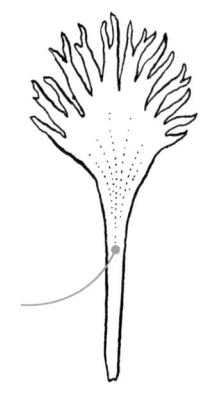

hair 毛
表皮上的凸起物，由一个或多个拉长的细胞组成。另见 trichome（毛状体）。

halophyte 盐生植物
能在高盐环境中生存的植物。

haploid 单倍体
只有一套染色体（1n）的生物体，另见diploid（二倍体），polyploid（多倍体），tetraploid（四倍体）。

haplostemonous 具单轮雄蕊的
雄蕊数量与花瓣数量相等的。另见diplostemonous（雄蕊数量为花瓣二倍的）。

hardiness 耐受力
植物在某个特定地区的平均生长条件下生存的能力，大多数用于衡量植物耐受寒冷的能力。

hardiness zones 耐寒区

一个地理分区系统，通过植物是否能在某个地区的最低平均气温下存活，来提醒人们该植物是否能在该地区种植。最初由美国农业部开发。

hastate 戟形的

与箭头形状类似，但基部裂片向外伸展而非向下（倾向于与中脉垂直而非平行）。

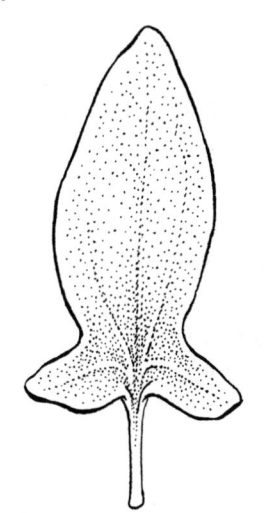

head 头状花序

一种无限花序，多数无柄的花着生在一个极度缩短、有时扩展成盘状的花序轴上；通常指菊科特有的具总苞的头状花序。

同义词：capitulum。

heartwood 心材

树干中位于中心、更老、颜色更深的木材，在木工中更有价值。

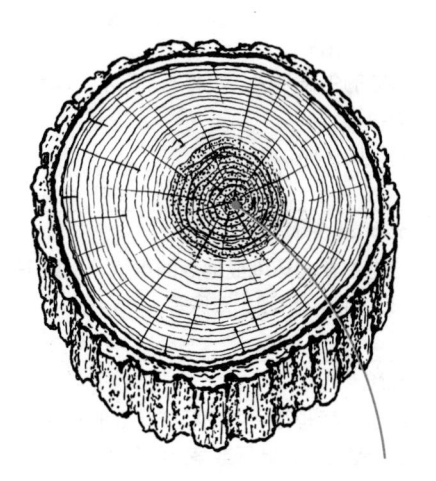

heaving 冻胀，冻拔

因其中的水分结冰而导致的土壤隆起、植物移动的现象。

同义词：frost heaving。

helicoid cyme 螺旋状聚伞花序
单歧聚伞花序的一种，花朵全部着生在花序的同一侧，花序本身卷曲成螺旋状，区分于 scorpioid cyme（蝎尾状聚伞花序）。

hemi-epiphyte 半附生植物
一生中有部分时间附生在其他植物上，但其他时间能扎根地面的植物。有前期附生、后期扎根以及前期扎根、后期附生两种类型，后者比较少见。

herb
1. 草本植物，没有宿存的木质地上茎的植物。2. 有食用、香料、药物、饲料等用途的植物，按场合译为香草、药草、饲草等。

herbaceous 草本的，草质的
不具木质的地上茎。

herbarium 植物标本馆
收藏干燥的或以其他方式防腐处理过的植物标本的地方。

hermaphrodite 雌雄同花
植物具有两性花。

hesperidium 柑果
具有革质外果皮的多心皮浆果，心皮在果实中形成果瓣。例如柠檬和橙子的果实［柑橘属（*Citrus*）］。

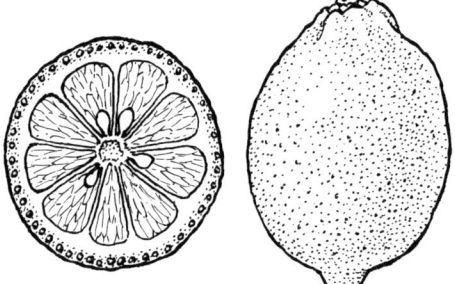

hetero-
前缀，表示"异""不同的"。

heterogamous 异性花的
具有单独的雄花和雌花。
反义词：homogamous（两性花的、同型花的）。

heterogonous 花蕊异长的

具有两种或以上类型的两性花，分别生于不同的植株，其区别在于雄蕊和雌蕊长度的比例不同。例如酢浆草属（*Oxalis*）。

反义词：homogonous（花蕊同长的）。

heteromerous 异基数的

一朵花中不同轮的花器官数量不一样。

heterophyllus 具异形叶的

同一植株上具有多种不同形态的叶子。

heterosporous 孢子异型的

具有两种不同类型的有性孢子，如所有的种子植物、一些水生的真蕨类植物［如满江红属（*Azolla*）、蘋属（*Marsilea*）和槐叶蘋属（*Salvinia*）等］和两类石松植物［水韭属（*Isoetes*）和卷柏属（*Selaginella*）］。

反义词：homosporous（孢子同型的）。

hilum 种脐

种柄在种皮上留下的疤痕。

hip 蔷薇果

蔷薇属特有的果实形态，是一种假果，由变厚变硬的凹陷花托包含若干枚瘦果形成。

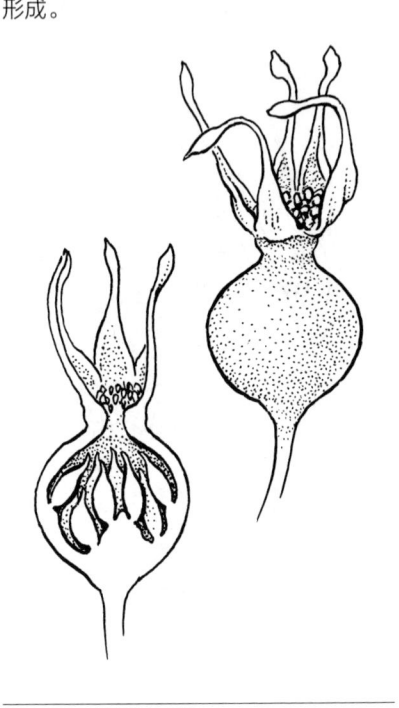

hirsute 具长硬毛的

具有长而坚硬的毛。

homo-

前缀，表示"同"。

homogamous

1. 两性花的、同型花的，植物只具有一种类型的花，即两性花。

2. 雌雄同熟的，雄蕊和雌蕊同时成熟的。

1 的反义词：heterogamous（异性花的）。

2 的反义词：dichogamous（雌雄异熟的）。

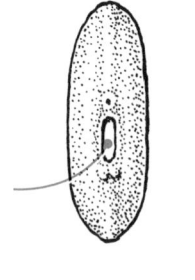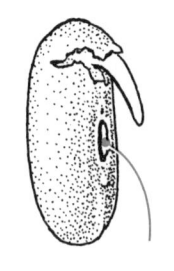

homogonous 花蕊同长的

不同植株中只有一种类型的两性花，雄蕊和雌蕊的长度比例不变。

反义词：heterogonous（花蕊异长的）。

homosporous 孢子同型的

只产生一种类型的有性孢子，例如大多数的真蕨类植物。

反义词：heterosporous（孢子异型的）。

hood 盔帽；外副花冠

马利筋属植物副花冠上的兜帽状结构，由愈合的雄蕊花丝上的附属物特化形成，内部常有蜜腺。

同义词：*cucullus*。另见 galea（盔瓣）。

horn 角，角状物

基部或多或少地是圆柱形，上部弯曲而呈牛角状的构造，如马利筋属的内副花冠。

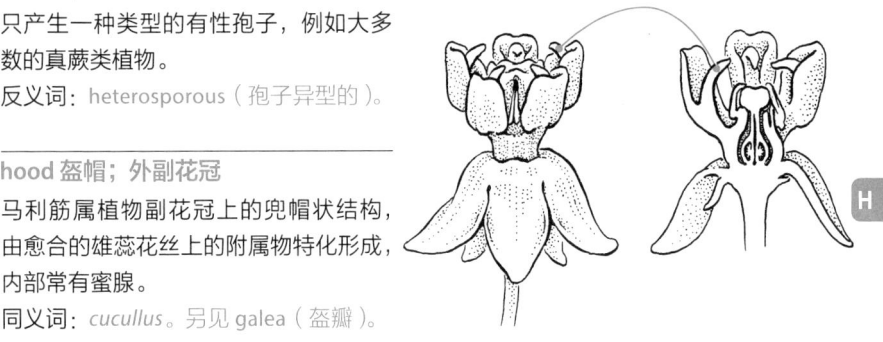

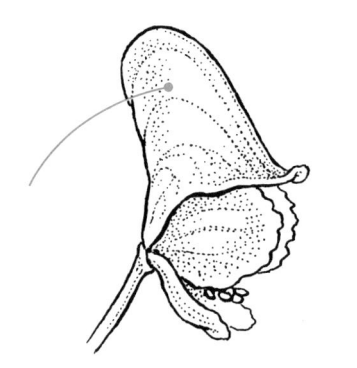

（译者注：配图有误，此图为乌头属）

hook 钩

狭窄而顶部弯曲的构造。

host 寄主

被寄生植物寄生，为其提供营养和水分。

humus 腐殖质

腐败的有机质。

husk 壳

某些果实和种子所具有的坚硬外壁，可能指全部或部分的果皮或种皮。

hybrid 杂种

由两个物种或两个品种杂交之后产生的后代。

hybrid swarm 杂种群

由两个物种的杂交以及与其杂交后代回交形成的一个连续的杂种系列。

hydrophilous 水媒的
以水为传粉媒介的。

hydrophyte 水生植物
生活在水中的植物。另见 mesophyte（中生植物），xerophyte（旱生植物）。

hygroscopic 吸湿的
从空气中吸收水分的。

hypanthium 被丝杯
围绕子房的管状结构，与子房离生或合生，是花托的延伸，或由外轮花器官（花萼、花冠和雄蕊）的基部合生形成。
同义词：floral cup。

hypo-
前缀，表示"下"。

hypocotyl 下胚轴
胚或幼苗中子叶以下、根系以上的中轴部分。
反义词：epicotyl（上胚轴）。

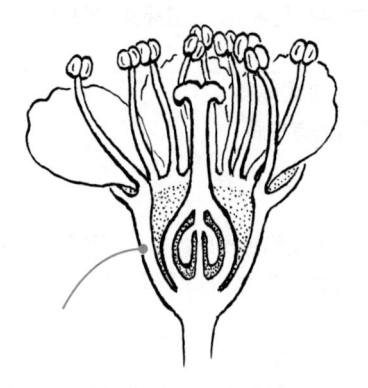

hyphae 菌丝
真菌的基本结构单位，形态是多分枝的细丝。

hypogeal, hypogeous 子叶留土的

种子萌发时子叶留在地表以下，不参与光合作用。

反义词：epigeal，epigeous（子叶出土的）。

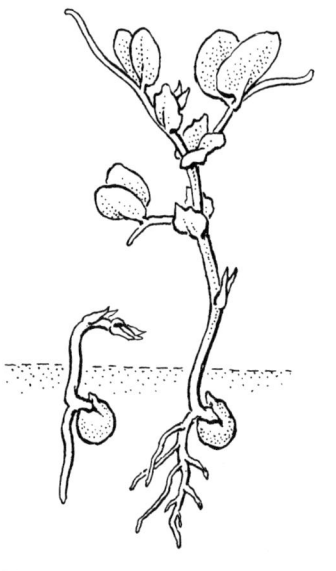

hypogynous（花）下位的

子房位于其他花器官之上。[译者注：本质上是花被片与子房完全不合生，且被丝杯不形成杯状围绕子房的结构。原文称下位花完全没有被丝杯，这是不对的。下位花可以有被丝杯，如绣线菊属（*Spiraea*）。]

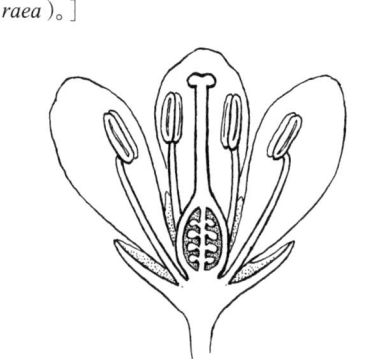

I

ICN= International Code of Nomen-
clature for algae, fungi, and plants
国际藻类、真菌和植物命名法规
规定了所有天然存在的植物的命名方法
（不包括人工培育的品种），曾经名为
国际植物命名法规（ICBN, International
Code of Botanical Nomenclature）。

ICNCP = International Code of No-
menclature for Cultivated Plants
国际栽培植物命名法规
规定了 ICN 管辖范围以外的栽培植物的
命名方法，包括人类培育的所有植物栽
培品种。

imbricate 覆瓦状的
像屋顶的瓦片一样重叠的排列方式，一
般用于描述花被卷叠式，即花瓣在花蕾
中的排列方式。

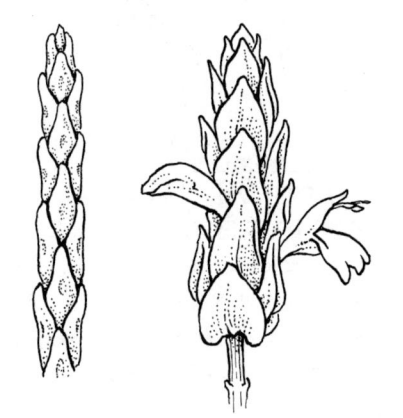

［译者注：配图为爵床科（Acanthaceae）植
物的花序，其苞片也是覆瓦状排列的。］

immersed 沉水的
生于水面以下的。

imparipinnate 奇数羽状的

羽状复叶由奇数枚小叶组成，顶端是单独一枚小叶。另见 even-pinnate，parip-innate（偶数羽状的）。

同义词：odd-pinnate。

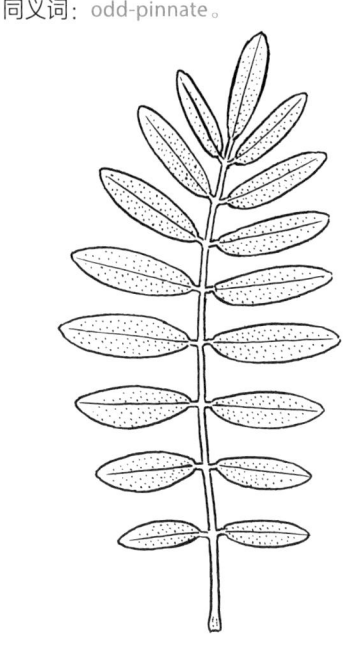

incised 锐裂的

急而深的不规则分裂方式。

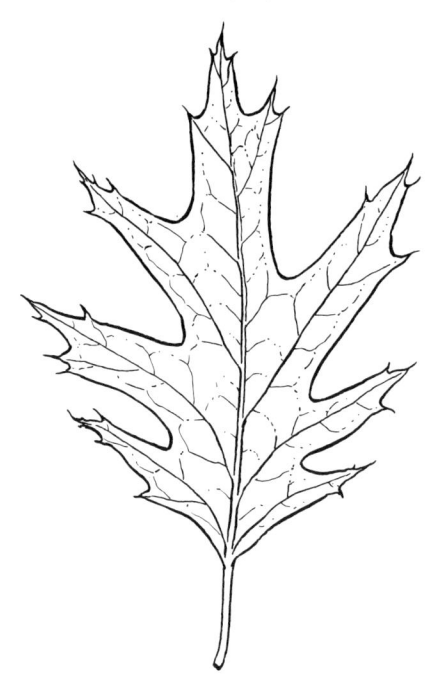

imperfect（花）不完全的；单性的

一朵花中只有雄蕊或只有雌蕊。

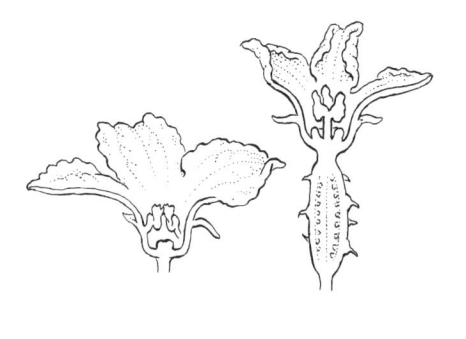

included 内藏的

雄蕊和雌蕊藏在花冠以内。

反义词：exserted（外露的）。

incompatible 不亲和的

1. 无法经有性生殖产生后代。2. 嫁接之后无法成活。

反义词：compatible（亲和的）。

incomplete 不完整的

缺少一轮或多轮花器官。

incurved 内弯的

向内部、中轴的方向弯曲。

---

indehiscent 不开裂的

用于描述果实。

反义词：dehiscent（开裂的）。

---

indeterminate 无限的

1. 花序中的花自下而上、自外而内开放，整个花序有无限伸长的可能。2. 新枝的伸长生长有无限持续的可能性。

---

indigenous 乡土的

本地产的，原生于某个特定地区，非引进的。

同义词：native。

---

indumentum，indument 被毛

植物表皮外的毛状和／或鳞片状覆盖物的总称。

---

indusium 囊群盖（复数 indusia）

真蕨类植物叶表皮突起形成的覆盖孢子囊群的薄层组织。

inferior （子房）下位的

用于描述子房位于其他三轮花器官（萼片、花冠和雄蕊）以下，本质为花被片与子房壁合生。

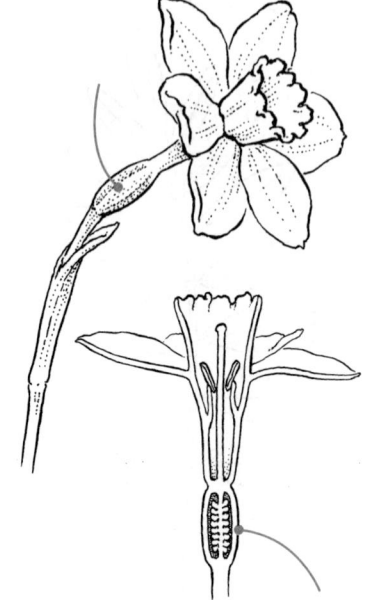

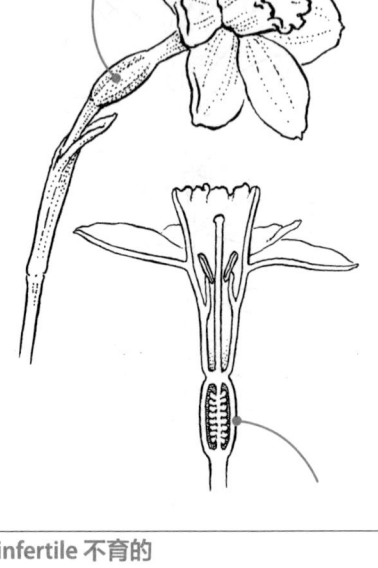

---

infertile 不育的

不能进行有性繁殖的。

同义词：sterile。

---

inflated 膨大的

鼓起的。

inflorescence 花序

花排列在分枝或不分枝的主轴上的方式。

infra-

前缀，表示"在……以下"。

infructescence 果序

果实排列在分枝或不分枝的主轴上的方式。

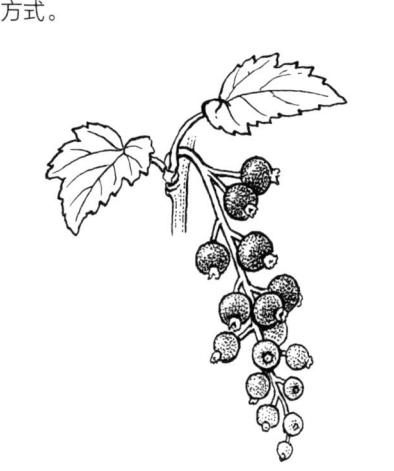

innovation 新生枝

最终将从母株上分离出来独自生存的枝条，如生长在匍匐茎末端的小植株。

inosculation 吻合

两条木质茎彼此接触并合生在一起，可以发生在同一植株内或不同植株间。

inrolled 内卷的

向上、向近轴面的方向卷曲。

同义词：involute。

反义词：revolute（外卷的）。

insectivorous 食虫的

同义词：entomophagous。

inserted 着生的

着生于另一器官，或从另一器官上长出。

in situ 原位

在某物种的自然生境中。

integument 珠被

胚珠自身的包被层，种子成熟时发育为种皮。

inter-

前缀，表示"在……之间"。

interfertile 可杂交的

指两个或更多的分类群能够互相成功地有性繁殖。

intergeneric hybrid 属间杂种

亲本来自不同属的杂交后代，例如很多杂种兰花。

internode 节间

茎上两个相邻的节之间的部分。

对应词：node（节）。

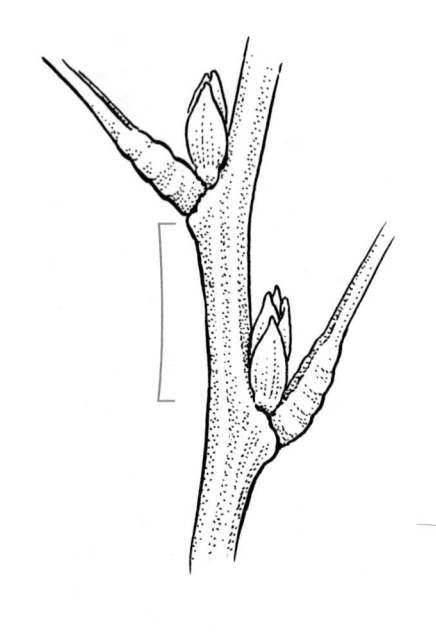

interpetiolar 叶柄间的

位于叶柄之间。

interrupted 间断的

不连续的。

interspecific hybrid 种间杂种

不同物种的杂交后代。

intra-

前缀，表示"在……之内"。

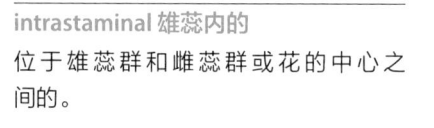

intrastaminal 雄蕊内的
位于雄蕊群和雌蕊群或花的中心之间的。

introduced 引入的
有意或无意地人为带到某个地区的非本地产植物。例如，随着船舶的压舱水被带到一片新水域的水生植物。

introrse 内向的
花药向着花的中心的方向开裂。

involucre 总苞
花或花序基部的一轮苞片，见于菊科植物的头状花序。

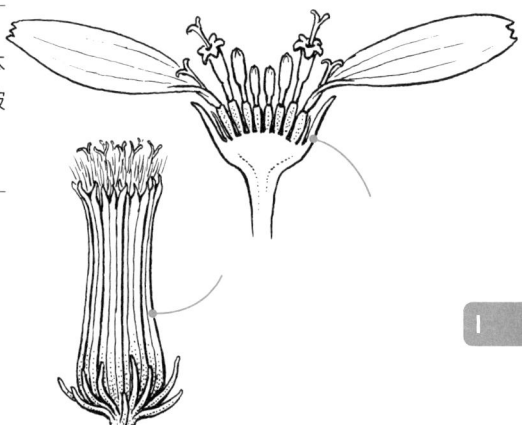

involute 内卷的
向上、向近轴面的方向卷曲。
同义词：inrolled。
反义词：revolute（外卷的）。

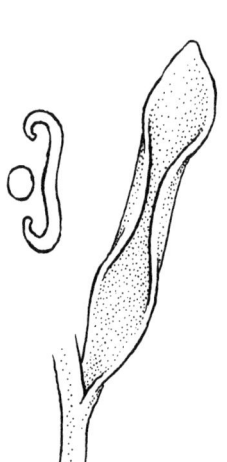

invasive 入侵的
引入的非本地产物种能在野外自行繁殖，并影响到本地生态系统的功能和 / 或完整性。

inverted 倒置的
生长方式与正常方向相反的。

I

irregular 不整齐的；两侧对称的

花朵只有一个对称面，沿着中间画一条线，可以把花冠分成左右两个镜像的部分。

同义词：bilaterally symmetrical（两侧对称的），zygomorphic（左右对称的）。

反义词：actinomorphic, radially symmetrical（辐射对称的），regular（整齐的）。

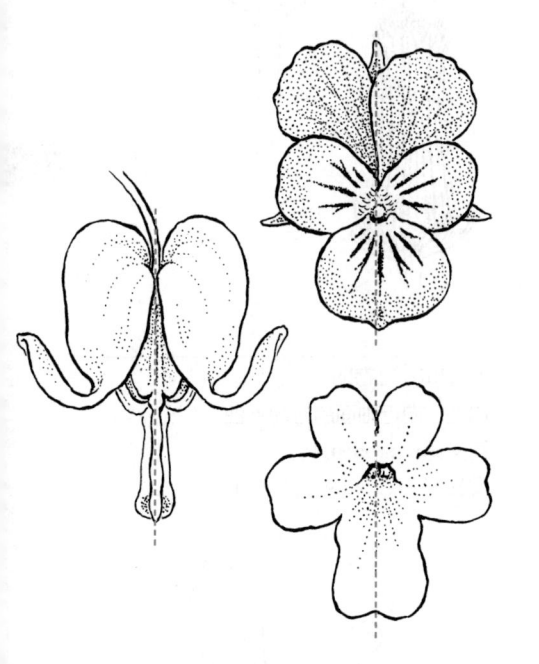

isolation 隔离

时间或空间上分离的状态，阻碍植物的繁殖。

isomerous，同基数的

一朵花中不同轮的花器官基数相同。

J

joint

1 关节，器官连接的点。2. 节，茎上长叶和侧枝的位置，尤其指禾本科植物秆上凸起的节。

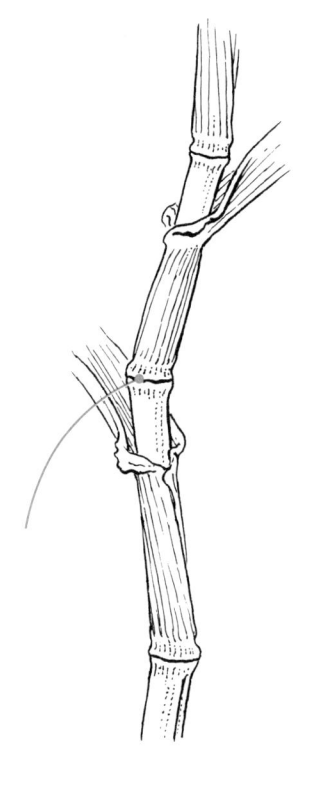

jointed 具节的

具有节或关节。

jugate 成对的

具有成对的部分，如羽状复叶中的成对小叶。

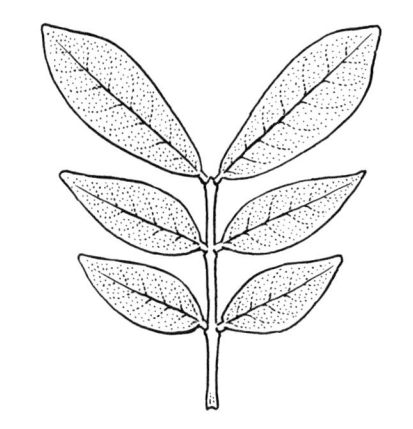

juvenile 幼株

尚未性成熟、无法进行有性生殖的植株，体型通常比成年植株小。

K

karyotype 核型

一个生物体的染色体的数量、大小和形状。

keel

1. 龙骨瓣，豆科的蝶形花冠中，位于下方最内侧、部分合生的两枚花瓣。2. 龙骨状凸起，圆形表面上的长条形凸起，形似船的龙骨。

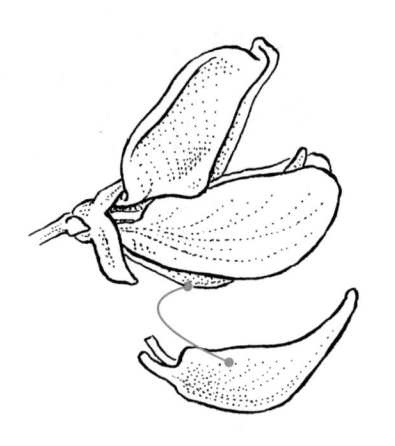

keiki 高芽

兰花的营养繁殖体，形态是小型的植株，通常生长在长的假鳞茎状茎上、假鳞茎基部或老花序上。

key 检索表

鉴定植物的工具，使用者可以通过一系列的性状选择来确定植物的物种。有二歧式、多歧式、多入口式和多道式等类型。

knee 膝状根

1. 落羽杉从根部向上垂直生长、露出地面的结构；2. 红树植物［如海榄雌属（*Avicennia*）、红树属（*Rhizophora*）］向上膝状弯曲的呼吸根。

L

labelliform 唇形的
形状像嘴唇的。

labiate 唇形的，具唇的
见于唇形科植物的花。

labellum 唇瓣
兰花的内轮花被片中位于中央的一枚，
通常也是最下方和最大的一枚，常为
杯状。
同义词：lip。

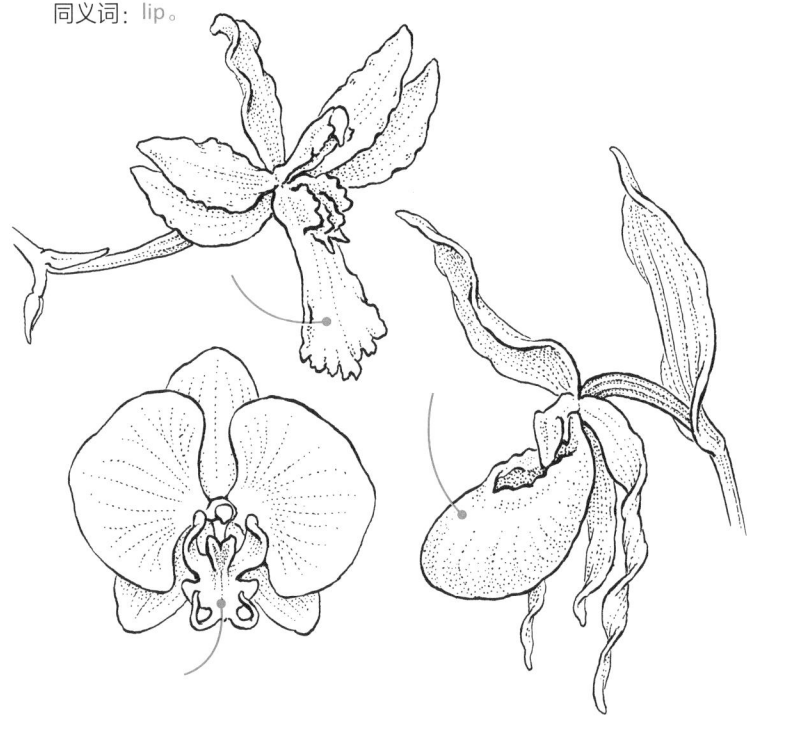

labium 下唇（复数 labia）

二唇形花冠中下方突出的花冠裂片，见于唇形科植物的花。

同义词：lip。

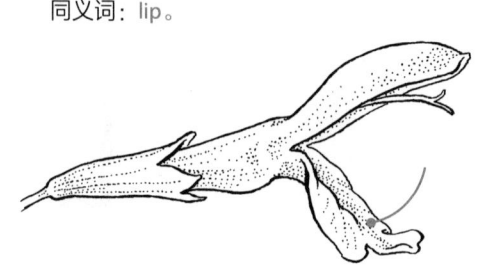

lamina 叶片，瓣片

叶子或花瓣中宽大平展的部分。

同义词：blade。

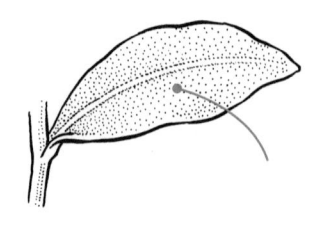

lacerate 撕裂状的

不规则开裂，看似被撕开的。

lanceolate 披针形

矛形或剑形，最宽处靠近基部。

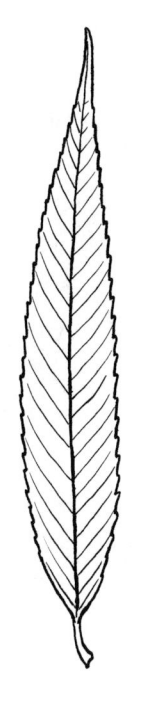

laciniate 条裂的

深裂成狭窄的裂片。

lactiferous, laticiferous 具乳汁的

含有或能产生乳汁的。

lateral 侧生的

位于侧面的，例如羽状复叶中除了顶生小叶之外的其他小叶即位于侧面。

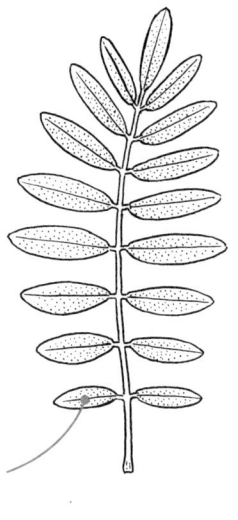

latex 乳汁

乳状的汁液。

latitudinal 横向的，纬向的

与主轴垂直的。
同义词：transverse。

latrorse 侧向纵裂的

在侧面纵向裂开的，用于描述花药的开裂。

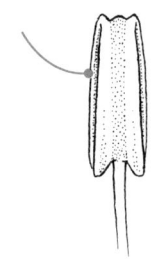

lax 疏松的

不紧密的。

layering 压条法

诱导一段还连接在母株上的茎生根，用以营养繁殖植物的方法。包括几种技术：把低位枝条的一部分埋进土里（一根枝条可以只埋一处，也可以埋多处，地上地下部分交替）；或者划破高位枝条的树皮，再用泥炭藓等保水材料包裹切口。生根后的枝条即可以从母株上切割下来单独种植，成为一个克隆植株。

leader 顶枝

（译者注：原文错误地描述为树木的主茎、树干。leader 应是顶枝，一棵树或一根枝条最顶端的快速生长的幼枝。）

L

leaf 叶

绝大多数植物最主要的光合作用器官，通常生长在茎上。

leaflet 小叶

复叶的构成单位，有时会进一步分裂。另见 pinna（羽片）。

leaf scar 叶痕

叶片脱落后在茎上留下的痕迹，位于叶片着生的位置，中间包含维管束痕。

lemma 外稃

禾本科植物小花的两枚苞片中位于外侧的一枚，另一枚是内稃（palea）。

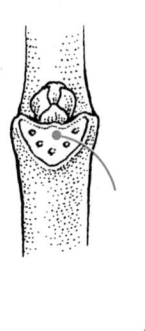
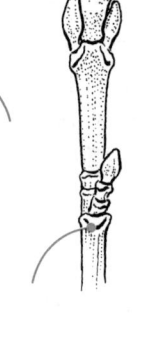

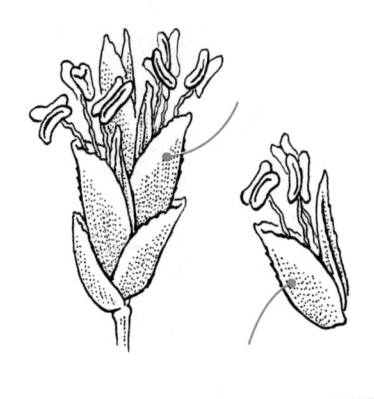

lenticel 皮孔

茎表面线形或圆形的栓质凸起，用于茎内外的气体交换。

legume

1. 荚果，由单心皮、边缘胎座的上位子房发育而成，成熟时沿背腹两条缝线开裂的果实，是豆科特有的果实类型。2. 豆类，豆科所有植物的俗称，来自该科的保留名 Leguminosae。

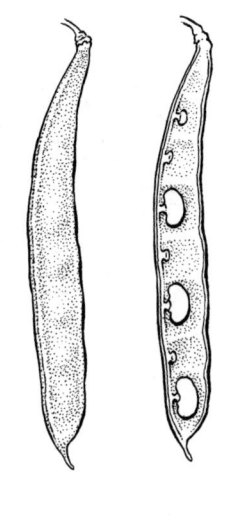

lenticular 透镜状的

像凸透镜一样，圆形而两面凸起。
同义词：biconvex（双凸的）。

lepidote 具鳞片的
表面被小的鳞片覆盖。

liana
木质藤本。

ligneous，lignified
木质的。

ligulate
1. 舌状的，形似舌头或皮带的。2. 具舌的，生有舌状器官的。
1 的同义词：lingulate。

ligulate flower 舌状花
菊科植物的一种花冠形态，花冠裂片合生、伸长且位于同一侧。舌状花在整个"假花状的"头状花序中行使花瓣的功能。
同义词：ray flower（边花）。
反义词：disk flower（盘花）。

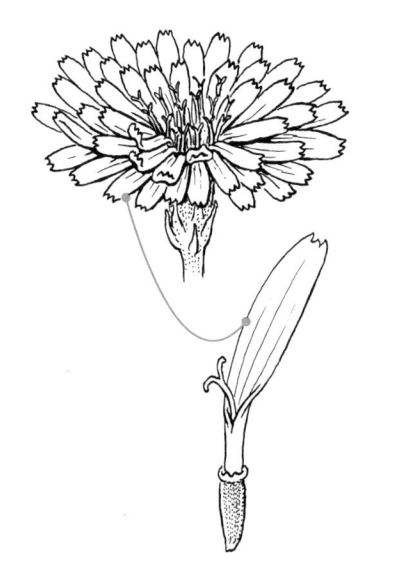

ligule 叶舌，舌片
舌状器官。例如禾本科植物叶鞘顶端、叶片基部的舌状凸起物，或菊科植物舌状花的花冠裂片。
同义词：ray（菊科植物舌状花的花冠裂片）。

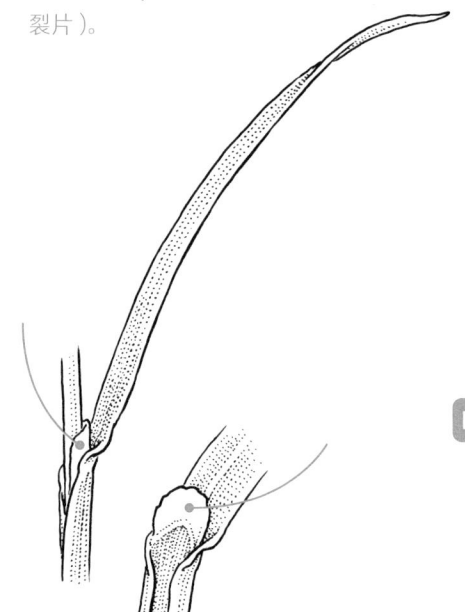

limb
1. 叶片，瓣片、叶子或花瓣的宽大平展部分。2. 冠檐，合瓣花冠的平展部分。

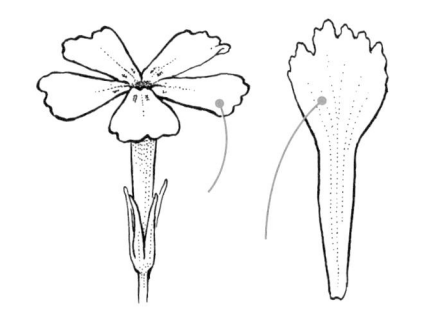

linear 线形

长而狭窄、两边平行的形状。

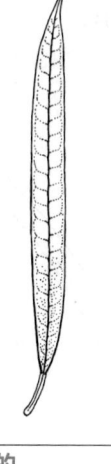

lingulate 舌状的

形似舌头或皮带的。

同义词：ligulate。

lip

1. 唇瓣，兰花的内轮花被片中位于中央的一枚，通常也是最下方和最大的一枚，常为杯状。

同义词：labellum。

2. 下唇，二唇形花冠中下方突出的花冠裂片，见于唇形科植物的花。

同义词：labium。

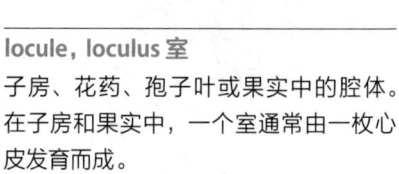

lithophyte 岩生植物

生长在岩石表面的植物。

lobe 圆裂片

叶片或苞片等器官边缘的圆形裂片。

lobed 浅裂的

分裂较浅、深度不及基部或中脉一半的，见于叶片或柱头。

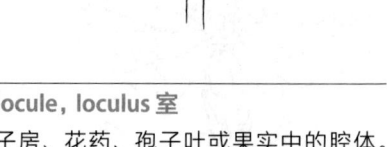

locule, loculus 室

子房、花药、孢子叶或果实中的腔体。在子房和果实中，一个室通常由一枚心皮发育而成。

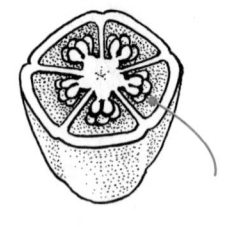

loculicidal 室背开裂的

蒴果由室壁（背缝线）而非隔膜处（腹缝线）开裂释放种子。另见 circums-cissile（盖裂的），poricidal（孔裂的），septicidal（室间开裂的）。

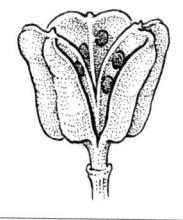

lodicules 浆片

禾本科植物小花中，位于外稃内侧的两枚极小的扁平器官，据推测是退化的花被片。

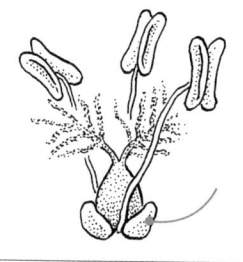

loment，lomentum 节荚

由单心皮、边缘胎座的上位子房发育而成，在种子之间缢缩，成熟时裂成若干节，每节包含一粒种子，是豆科某些种类 [如含羞草（*Mimosa pudica*）] 的果实类型。

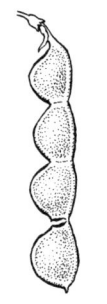

long-day plant 长日照植物

需要每天 12 小时以上光照才能正常生长和繁殖的植物。

反义词：short-day plant（短日照植物）。

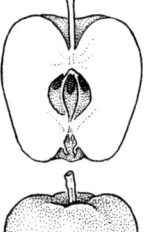

longitudinal section 纵切、纵切面

沿着主轴的切面，简写为 l.s.。

反义词：cross section（横切、横切面）。

l.s. 纵切面

反义词：cross section（横切、横切面）。

long shoot 长枝

节间伸长、节彼此离得很远的茎，构成了一株植物茎的绝大多数。

反义词：brachyblast，short shoot，spur（短枝）。

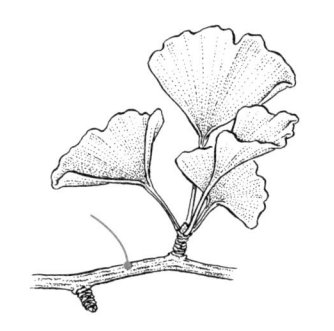

lyrate 大头羽裂的

羽状开裂的叶片，顶生裂片圆形且比侧生裂片大得多。

M

macro-
前缀，表示"大的"。

macrophyll 大型叶
真叶维管植物具有多分枝叶脉的叶，例如栎属和银杏属的叶。
同义词：megaphyll。
反义词：microphyll（小型叶）。

maculate 具斑点的
表面饰有斑块或斑点。

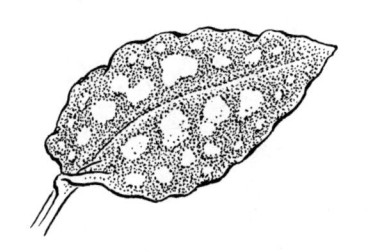

male flower 雄花
只有雄性器官（雄蕊）可育，雌性器官（雌蕊）不存在或不可育的花。

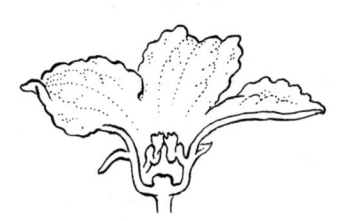

male sporophyll 小孢子叶
产生花粉的雄性繁殖器官，例如松属植物雄球花上的鳞片。另见 stamen（雄蕊）。

marcescent 凋存的
指花瓣、萼片或叶子在凋萎后依然不脱落的现象，见于水青冈属（*Fagus*）和某些多肉植物。

margin 边缘
叶片、花瓣、萼片等器官的边缘。

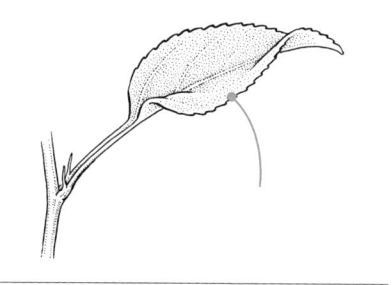

marginal 边缘的
位于、生于或靠近边缘。

marginal placentation 边缘胎座
多数胚珠生于单心皮子房一侧的壁上（实际上是生于心皮腹缝线上）。见于豆科。

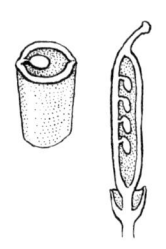

mast 橡果，饲果
森林中的可食坚果，如水青冈属和栎属的果实，主要用来喂猪。常用"饲果丰收年"（mast year）这一词组表达上述果实大量产生的年份。

mat-forming 垫状
植物密集生长覆盖地面的状态。

maturity 成熟
指器官完全发育的状态，如成熟的果实和完全开放且能行使繁殖功能的花。

medial, median
中间的。

medifixed 丁字着的
花丝在花药上的着生部位位于花药中部。另见 basifixed（基着的）、dorsifixed（背着的）。
同义词：versatile。

mega-
前缀，表示"大的"。

megaphyll 大型叶
真叶维管植物具有多分枝叶脉的叶，例如栎属和银杏属的叶。
同义词：macrophyll。
反义词：microphyll（小型叶）。

megasporangium 大孢子囊
产生雌性孢子（大孢子）的器官。

M

megaspore 大孢子

孢子异型的植物所产生的大型雌性孢子。

membranous, membranaceous 膜质的

极薄而近乎透明的。

mericarp 分果爿

分果中的一个单元，由果皮和种子组成，来源于多枚合生心皮中的一枚。例如老鹳草属和伞形科的果实。

同义词：coccus。

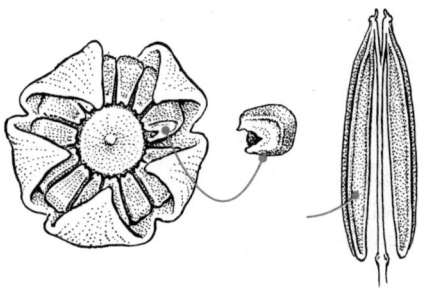

meristem 分生组织

细胞具有分化能力，通过不断分裂以增加植物的高度、长度、宽度并产生各类成熟组织的组织，位于茎和根的顶端（顶端分生组织）以及树皮内部（侧生分生组织）。

-merous

后缀，表示数量，常用于描述花器官。

mesocarp 中果皮

果皮的中层，例如桃子的果肉。

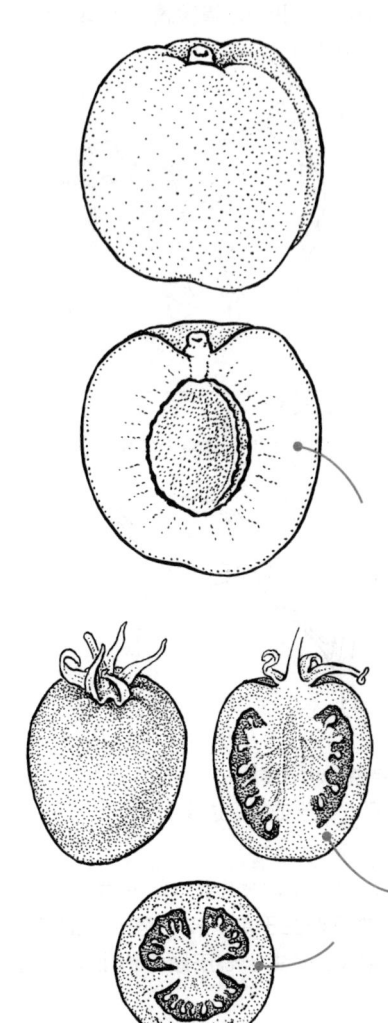

mesophyte 中生植物

生活在一般水分条件下的植物。另见 hydrophyte（水生植物）、xerophyte（旱生植物）。

microphyll 小型叶

具有单一的、不分支的叶脉，通常体型很小的叶子，见于木贼科（Equisetaceae）和卷柏科（Selaginellaceae）。
反义词: macrophyll, megaphyll（大型叶）。

microsporangium 小孢子囊

产生雄性孢子（小孢子）的器官。

micropyle 珠孔

胚珠珠被的开口，可供花粉管生长进入，在一些种子上仍然可见，

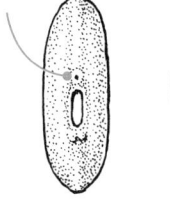

microspore 小孢子

孢子异型的植物所产生的小型的雄性孢子。

midrib, midvein 中脉

中肋，叶片中央的初级叶脉，通常比次级叶脉更加凸出。

monadelphous 单体雄蕊的

一朵花中的所有雄蕊合生成单体（通常是管状）。

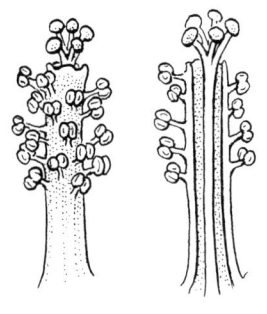

monandrous 单雄蕊的

只有一枚雄蕊的。

mono-

前缀，表示"一个"。

M

monocarpic 一次结果的

一生中只开花结果一次就死亡的植物，可以指一年生的，也可以指多年生的，如龙舌兰（*Agave americana*）。
反义词: polycarpic（多次结果的）。

monochasium 单歧聚伞花序

每次分支时只在当前顶芽所发育成的花下方一侧延伸的聚伞花序，包括蝎尾状聚伞花序和螺状聚伞花序。

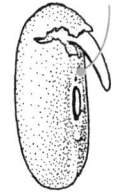

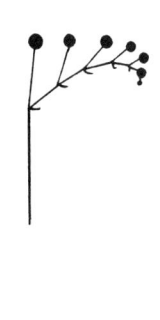

monocot 单子叶植物（monocotyledon 的简写）

只有 1 枚子叶的植物，花器官通常是 3 基数，叶脉通常为平行脉。单子叶植物是一个单系类群。

---

monocotyledonous 单子叶的

只有 1 枚子叶的。

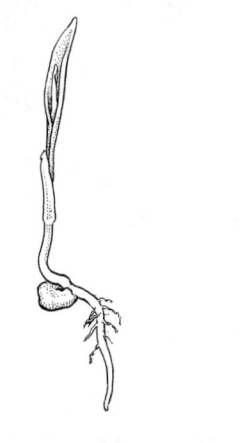

---

monoecious 单性同株的

单性花且同一植株上既有雄花也有雌花的。图为木通属（*Akebia*）植物的花序，有多朵较小的雄花和一朵较大的雌花。反义词：dioecious（雌雄异株的）。

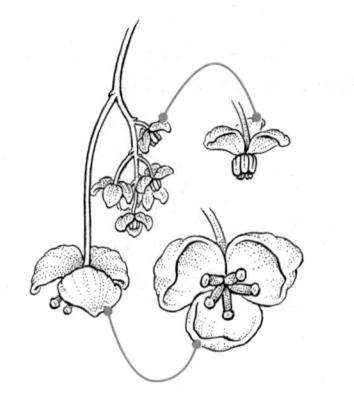

monopodial 单轴的

具有单一主轴，侧枝从主轴两侧发出的。通常用于描述花序的生长方式，有时也用于描述营养器官，例如某些兰花。另见 sympodial（合轴的）。（译者注：单轴和合轴是两种分枝方式，植物学上用来描述茎。）

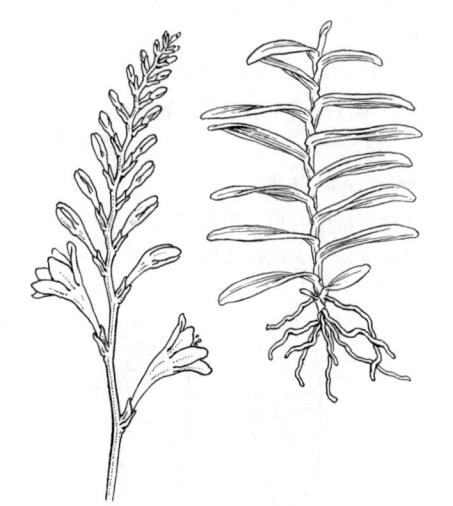

---

monotypic 单型的

只有一个类型的，例如，一个属中只有一个种，或一个科中只有一个属，则被称为单型属或单型科。

---

montane 山地的

生长在山上的。

moss 藓类

非维管陆生植物苔藓植物门（Bryophyta）的一个分支，植株有茎叶之分，常见于潮湿的土壤、岩石或树干表面。

motile 能动的

例如苔藓和蕨类植物的精子。

mottled 具斑点的

表面饰有颜色不同的斑块或斑点。

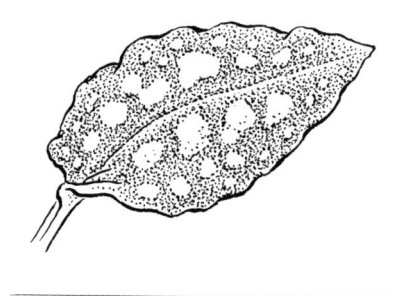

mouth 管口

管状结构如合生的花冠管的开口处。

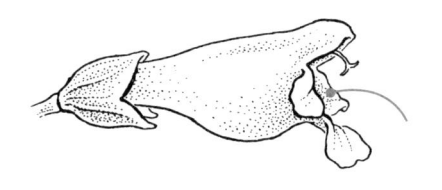

mucilage 黏液

植物体内含有的浓厚、黏稠或胶装的液体，如芦荟（*Aloe vera*）的黏液。

mucilaginous

黏稠的。

mucro 短尖头

短小、坚硬而锐利的尖端，常见于叶尖或裂片尖端。另见 cusp（尖突）。

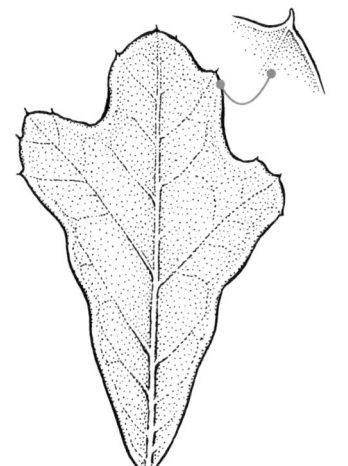

mucronate 短尖的

先端具有短小、坚硬而锐利的尖。
同义词：cuspidate（骤尖的）。

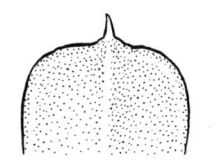

mucronulate 具小短尖的

先端具有极短小、坚硬而锐利的尖。

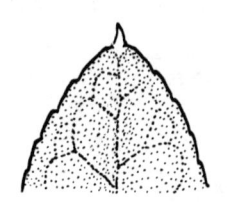

multi-

前缀，表示"多个"。

multicarpellate 多心皮的

子房由多枚心皮合生形成。

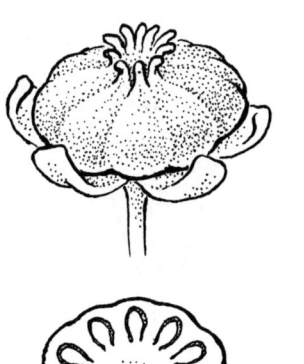

multilocular 多室的

被分隔成多个室。

multiple infructescence 聚花果

由整个花序发育而成的假果，为肉质的或干燥的。例：枫香（*Liquidambar formosana*）。

同义词：syncarp。

（译者注：聚花果是 multiple fruit，写作 multiple infructescence 会导致歧义。）

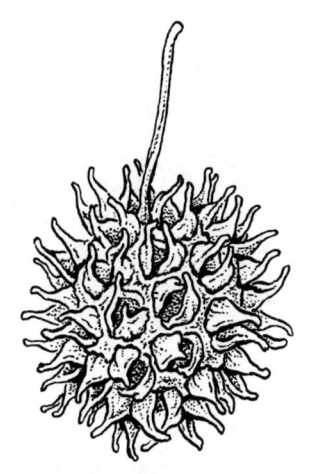

mutualism 互利共生

描述两种生物的生活史交织在一起乃至紧挨在一起生活[即共生（symbiosis）]，且对双方都有好处的物种间关系。

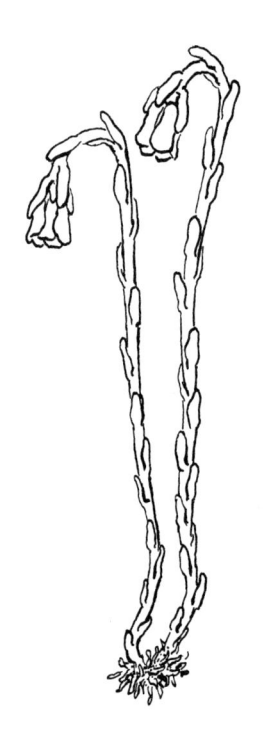

mycoheterotroph 菌异养植物

从真菌中获取营养的植物。所有过去被认为是"腐生"的植物，实际上都是菌异养的，它们寄生在真菌上，从真菌本身、以及通过真菌构成的菌根网络从其他绿色植物获取营养。例如水晶兰。

mycorrhiza 菌根（复数 mycorrhizae）

真菌与植物的根生长在一起，构成共生关系。真菌扩展了植物的根系范围，并向植物提供水分和无机养料以换取糖类。

myrmecophyte 蚁栖植物

与蚂蚁产生共生关系的植物。

同义词：ant-plant。

M

N

naked 裸露的
缺乏正常应该存在的一种或数种结构，如没有叶子的树，或无被花。

nascent 新生的
刚开始发育的，显示出潜力的。例如外来种表现出入侵的潜力。

native 乡土的
本地产的，原生于某个特定地区，非引进的。
同义词：indigenous。

naturalized，naturalised 归化的
成功地在本地植被中生存并繁殖的非本地物种，比"外来种"更加融入并适应本地环境。

nectar 蜜
含糖的黏性液体，由花和叶等多种器官分泌，是一种报酬／吸引物，主要提供给传粉者，有时也提供给蚂蚁等能起到保护作用的昆虫。

nectar guides 蜜导
花朵上的指示性标记（线、点、斑等），向传粉者指明蜜腺的位置，可能肉眼不可见而需要在紫外光下才能看到。

nectariferous 产蜜的
分泌蜜的。

nectary 蜜腺
产生花蜜的器官、腺体或组织。

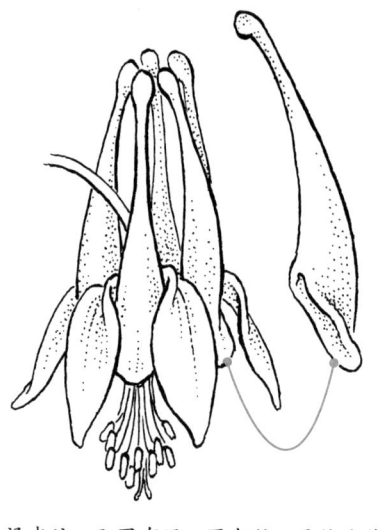

（译者注：配图有误，图中所示是楼斗菜的花瓣，虽然蜜腺生长在花瓣的距末端，但花瓣本身不是蜜腺。）

needle 针叶
非常细长的叶，见于很多裸子植物。

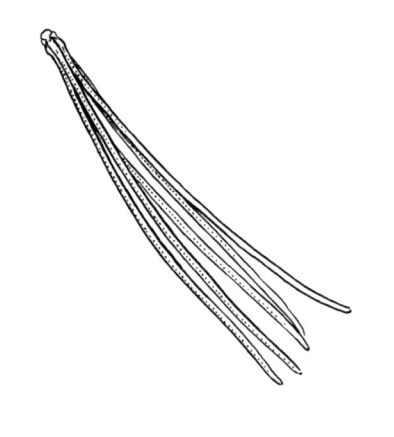

neotropics 新热带
美洲的热带地区。

nerve 脉
叶或其他叶状器官如苞片、萼片、花瓣和托叶中的维管组织，分支或不分支。同义词：vein。

net-veined, netted 网脉的，网状的
分支的脉联结成错综复杂的网状式样。同义词：reticulate。

nitrogen 氮
植物必需的营养元素，化学符号为 N，肥料中首要的成分。

nitrogen fixation 固氮作用
将大气中的氮转化为植物能吸收的形态的过程，通常由细菌（其中很多种类以前被称为蓝藻）实现，这些细菌常与豆科等植物共生。

nocturnal 夜开性的
在夜间开放的，在夜间具有功能的，如月光花（*Ipomoea alba*）和很多仙人掌的花。

nodding 俯垂的

悬挂或弯曲下垂，常用于描述花。

同义词：cernuous。

node 节

茎上着生叶的位置，可能具有叶、叶痕和侧枝。

反义词：internode（节间）。

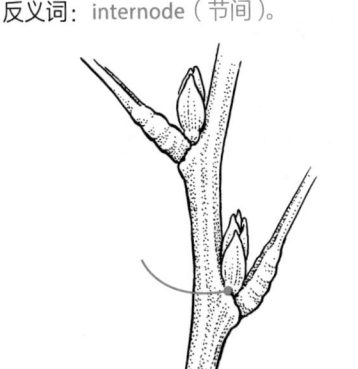

nodule 瘤

近圆形的结节，如很多豆科植物根部的瘤。另见 root nodule（根瘤）。

nuciferous 具坚果的

生有坚果的。

numerous 多数

数量大于 10，常用于描述花器官，如"雄蕊多数"。

nut 坚果

由单室子房发育而成的干燥不开裂的果实，具有坚硬的果皮，内部只有一粒种子。例如，栎属植物的橡果。

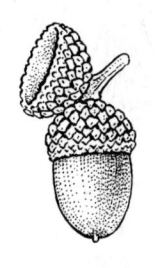

nutlet 小坚果

1. 小型的坚果状果实，见于唇形科和紫草科；2. 莎草科的瘦果的别称。

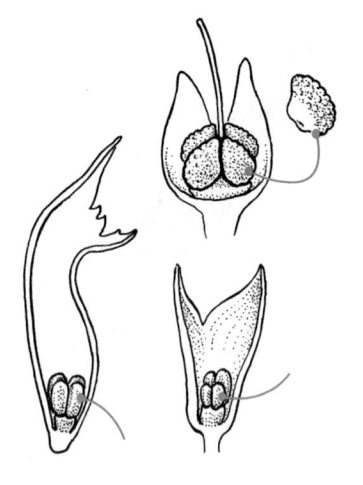

O

---

ob-

前缀，表示"逆向的、相反的"。

---

obconic, obconical 倒圆锥形的

形似圆锥的，连接点位于圆锥顶端。

---

obcordate 倒心形的

1. 心形，最宽处在顶部，连接点位于最窄处。2. 叶子顶部具有两枚彼此远离的圆形裂片，形似心形的最宽处。

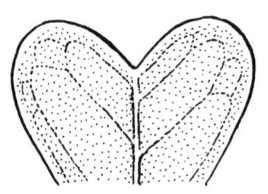

---

obdeltoid 倒三角形的

形似等腰三角形，顶部是底边，连接点位于与之相对的顶点。

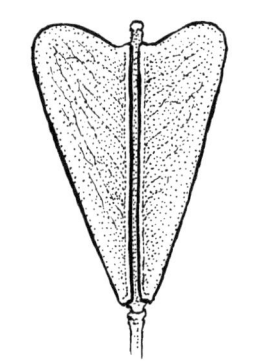

---

obdiplostemonous 外轮雄蕊对瓣的

具有两轮雄蕊，外轮雄蕊对着花瓣，内轮雄蕊对着花萼。

反义词：diplostemonous（外轮雄蕊对萼的）。

oblanceolate 倒披针形的

矛状，最宽处靠近顶端。

oblique 偏斜的

具有形状和 / 或大小不相等的两半，通常用于描述叶片基部。

同义词：asymmetrical（不对称的）。

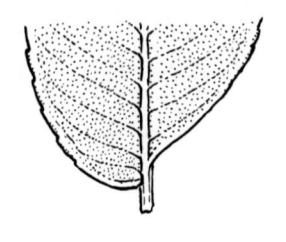

oblong 长圆形的

长度至少为宽度的一倍半，且具有平行的两边。

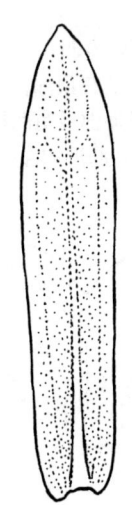

obligate 专性的

依赖某种特定的环境条件，比如寄生生物需要专门的寄主。

obovate 倒卵形的

形似卵的，最宽处靠近顶端。

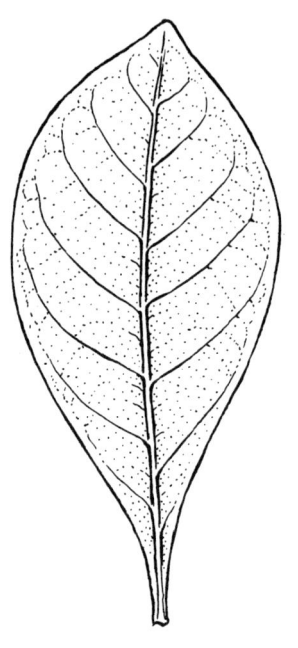

obovoid 倒卵球形的

立体的倒卵形，最宽处靠近顶端。

obsolete 发育不全的

体型较小而无功能的。例如某些花中没有繁殖功能的退化雄蕊（staminode）。同义词：rudimentary，vestigial。

obtuse 钝的

圆钝的顶部或基部，边缘形成钝角。

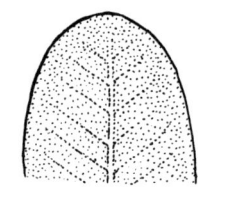

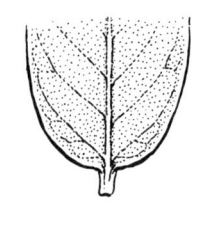

ocrea 托叶鞘（复数 ocreae）

托叶合生成环抱茎的鞘状，见于蓼科（Polygonaceae）。

O

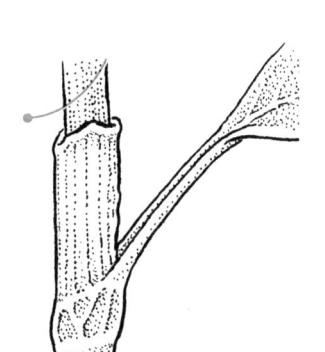

octo-

前缀，表示"8"。

odd-pinnate 奇数羽状的

羽状复叶由奇数枚小叶组成，顶端是单独一枚小叶。另见 even-pinnate，paripinnate（偶数羽状的）。

同义词：imparipinnate。

offset 短匍匐茎

从主干或主茎基部长出的较短的匍匐生长的枝条，常用于营养繁殖。

offshoot 分株

从主干上分出的枝或苗。

oligo-

前缀，表示"少数的"。

open pollination 开放授粉

借由昆虫、鸟、风、水或其他自然媒介，花粉自由地由一株植物传播到另一株的过程。另见 chasmogamous（开花受精的）。

operculum 盖（复数 opercula）

小而易脱落的盖状结构，如藓类的蒴盖或桉属（*Eucalyptus*）植物的花萼。

opposite 对生的

两两相对着生，如两枚叶着生于同一个节上，或一朵花中雄蕊对准花瓣。

orbicular 圆形的

同义词：circular。

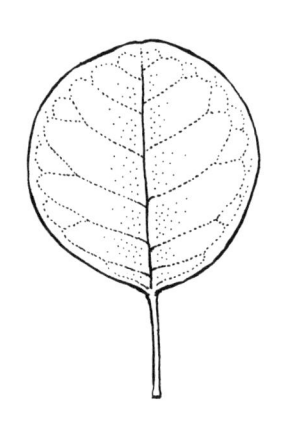

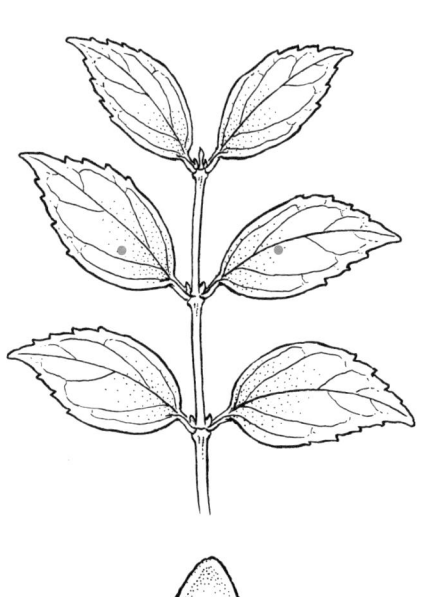

order 目

一个分类阶元，比科大，比纲小。植物的目的词尾是"-ales"。

organ 器官

指植物体中具有特定的功能的结构，如根、茎、叶、花和果实。

ornamental 用于观赏的

以观赏为目的而培育的植物。

ornithophilous 鸟类传粉的

由鸟传粉的植物通常具有鲜艳的红色花朵、大量而低浓度的花蜜，白天开花，没有香气。

ortet 源株

作为营养繁殖体来源的植株。营养繁殖体会长成遗传上一致的（克隆的）新植株。

O

ortho-

前缀，表示"直的"。

outcross 异交

选择性地把一株植物的花粉授予另一株植物的柱头。

ovary 子房

雌蕊中含有胚珠的部分，会发育成果实。

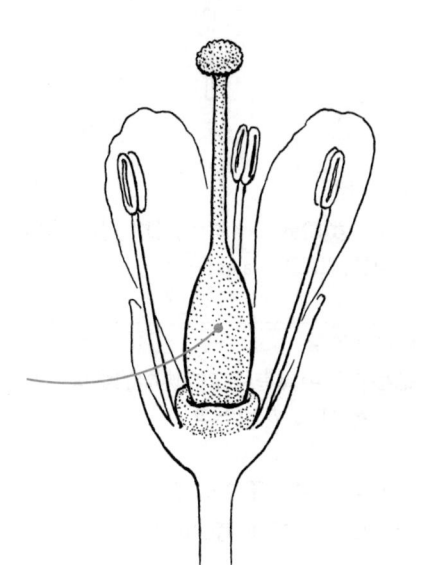

ovate 卵形

形如卵，最宽的位置靠近基部。

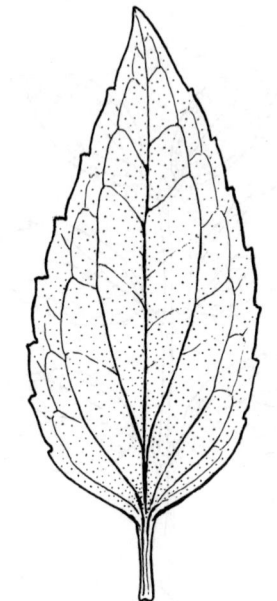

ovoid 卵球形

立体的卵形，最宽的位置靠近基部。

ovule 胚珠

种子植物的大孢子囊，位于子房内部，内含 1 枚卵细胞（译者注：裸子植物可能有 2 枚），会发育成种子。

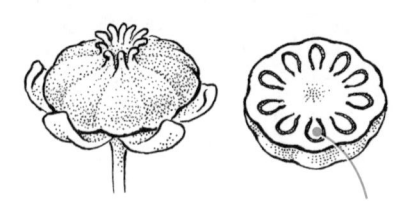

P

pachy-

前缀，表示"厚的"。

pachycaul 粗茎植物

主干粗壮，分枝很少或不分枝的植物，常用于描述猴面包树属（*Adansonia*）和其他具有酒瓶状树干的植物。

pad 板状茎

仙人掌的一段特化的肉质茎，可用于营养繁殖。

palate 喉凸

二唇形花冠的下唇向上凸起的结构，例如金鱼草属（*Antirrhinum*）花冠管喉部附近中间凸起的部分。

palea 内稃

包裹禾本科植物的小花的两枚苞片中内侧（近轴）的一枚。另一枚是外稃（lemma）。

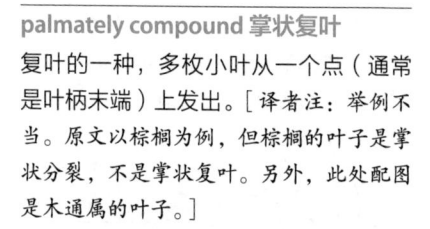

paleotropics 古热带地区

非洲、亚洲和大洋洲除澳大利亚和新西兰之外的热带地区。

palmate 掌状的

叶脉、叶裂片、小叶等结构从一个点（通常是叶柄末端）上发出，形似手掌。同义词：digitate（指状的）。

palmately compound 掌状复叶

复叶的一种，多枚小叶从一个点（通常是叶柄末端）上发出。［译者注：举例不当。原文以棕榈为例，但棕榈的叶子是掌状分裂，不是掌状复叶。另外，此处配图是木通属的叶子。］

palmately lobed, palmatifid 掌状浅裂的，掌状半裂的

叶片的裂片全部从同一个区域发出，比如棕榈的叶子。

palmatisect 掌状全裂的

非常深的掌状分裂。

pandurate 提琴形的

形如提琴琴身的，亦即末端圆形而中部收缩的。

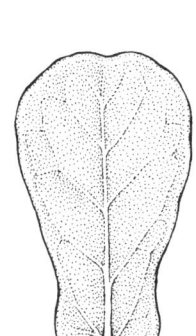

panicle 圆锥花序

复总状花序，有柄花呈总状排列在花序分枝上，分枝再总状排列在伸长的主轴上而形成的花序。

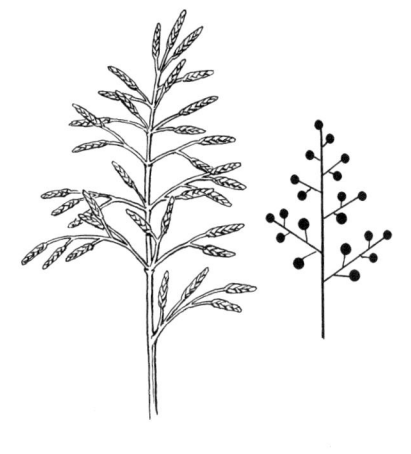

pantropical 泛热带的

分布于全世界的热带地区。

papilionaceous 蝶形花冠

豆科蝶形花亚科特有的花冠形态，两侧对称，由 1 枚位于上方、通常是最大的旗瓣，2 枚位于两侧的翼瓣和 2 枚位于下方内侧、通常部分合生的龙骨瓣组成。

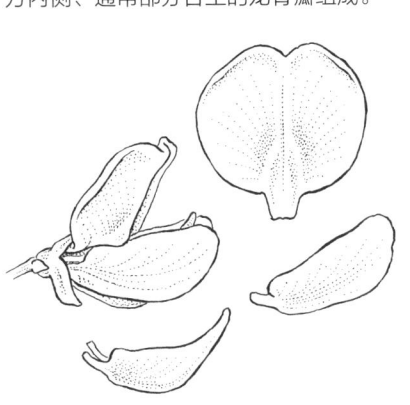

P

papilla 乳突（复数 papillae）

短而圆的乳头状凸起。

---

papillate 具乳突的

生有乳突的。

---

papillose 具小乳突的

生有小型乳突的。

---

pappus

1. 冠毛，菊科植物特化的花萼，可能由极短到很长的萼片组成，形成刚毛状、芒状、鳞片状以及适应风力传播的羽毛状。2. 种缨，马利筋属植物种子一端着生的一簇长毛，便于风力传播种子，称为 coma（种缨）更合适。

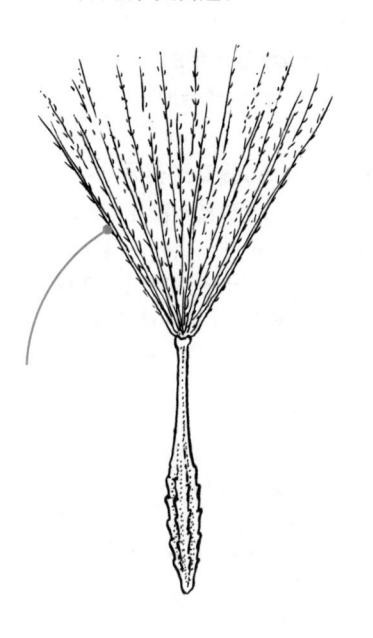

parallel-veined 平行脉的

叶脉沿叶片主轴方向彼此平行生长。

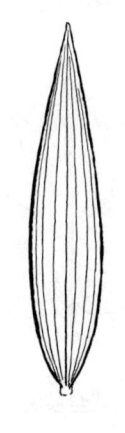

parasite 寄生

与其他生物（寄主）接触，并从中吸取水分和营养的生活方式。寄生植物部分或完全依赖寄主生活。例：水晶兰。（译者注：水晶兰是菌异养植物，可以视作寄生在真菌上。）

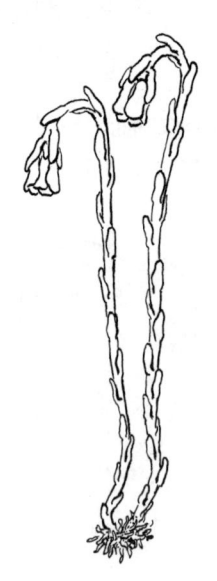

parastichy 斜列线

把生长在一个主轴上的器官的着生点连在一起而形成的螺旋线，比如茎上的叶或球果上的鳞片的排列方式。植物器官的斜列线数量一般符合斐波那契数列。

parietal placentation 侧膜胎座

在多心皮单室子房中，胚珠着生在子房壁上（实际上是心皮腹缝线彼此结合的地方）的胎座式样。

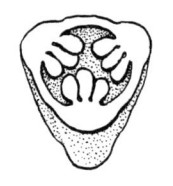

paripinnate 偶数羽状的

由偶数枚小叶组成的羽状复叶，末端是一对小叶。

同义词：even-pinnate。另见 imparipinnate，odd-pinnate（奇数羽状的）。

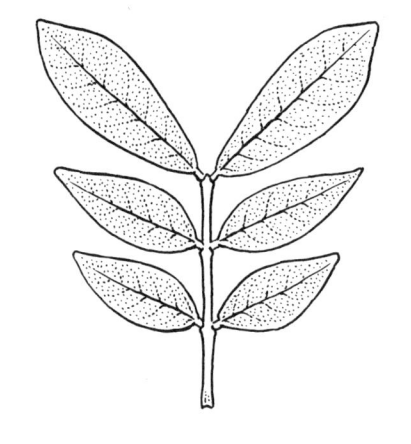

parthenocarpy 单性结实

雌蕊不经受精过程即发育成果实，种子常不发育。

parthenogenesis 孤雌生殖

不经受精过程，胚珠直接发育成种子。

patent 开展的

向外伸展的，如花瓣相对于花轴，或低位枝条相对于主干。

pectinate 篦齿状的

由细长而密集的裂片排列成规则的一列，形似梳子。

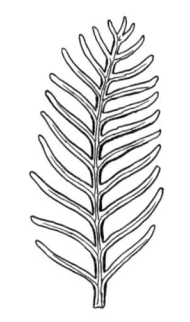

P

pedate 鸟足状的

掌状全裂的叶片，基部的裂片进一步分裂为 2 枚。

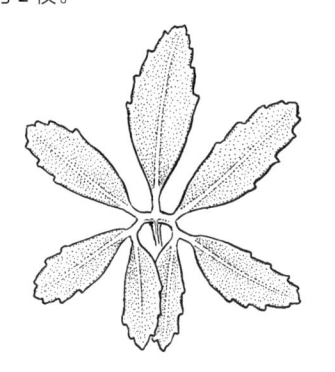

pedately lobed 鸟足状分裂
掌状分裂（浅裂、半裂、深裂）的叶片，基部裂片进一步分裂成 2 枚。

pedicellate 具梗的
具有柄的，用于描述花。

peduncle 花序梗
单花或整个花序的柄。

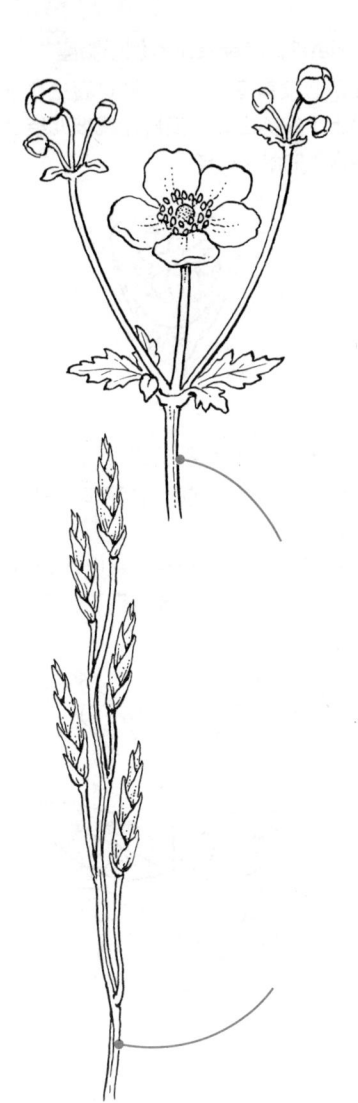

pedicel 花梗
花序中一朵花的柄。

pellucid 透明的，透光的

例如柠檬和柑橘等植物叶子和外果皮上的腺点。

peltate 盾状的

柄着生在扁平器官的正中，形似盾牌或伞。例如莲属（*Nelumbo*）植物的叶。

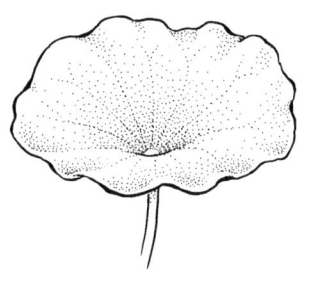

pendent, pendulous 下垂的

向下方悬垂或弯垂。

penta-

前缀，表示"5"。

pepo 瓠果

由具侧膜胎座的多心皮下位单室子房发育而成的具有坚硬外皮和多数种子的果实，是葫芦科植物特有的果实类型。

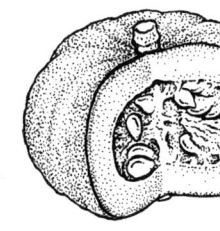

perennial 多年生的

生活和繁殖超过两年以上的植物，亦即一生中可以多次开花结果的植物。
同义词：polycarpic。

perfect 完全的

一朵花中同时存在有功能的雄性和雌性繁殖器官。

perfoliate 茎穿叶的

叶片、托叶或苞片的基部绕过茎融合，显得茎从叶片中穿过。

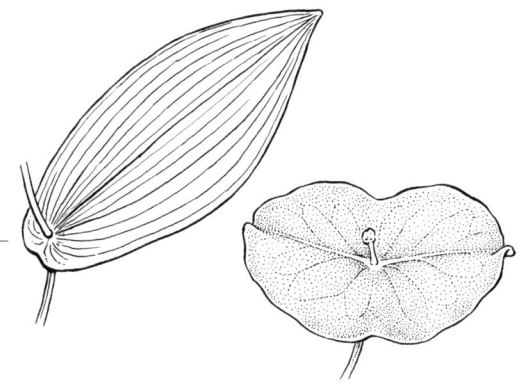

P

peri-

前缀，表示"围绕"。

perianth 花被

花萼和花冠的合称。

同义词：floral envelope。

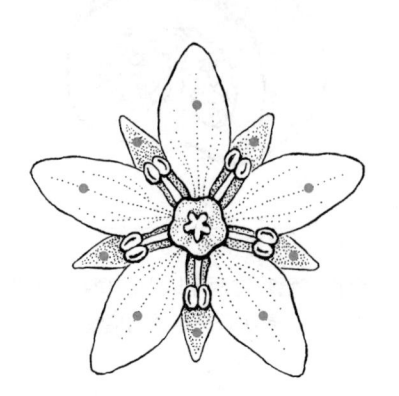

pericarp 果皮

果实的外壁，由子房壁发育而来，通常分为三层：外果皮、中果皮和内果皮。

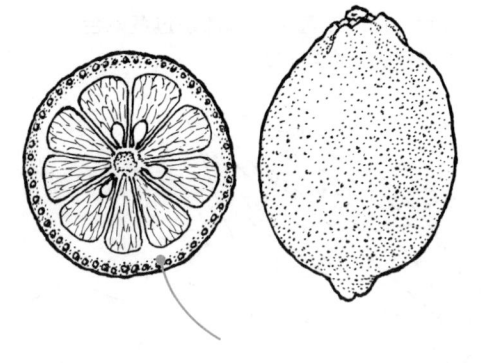

perigynium 雌器苞（复数 perigynia）

薹草属（*Carex*）植物中包裹雌蕊的苞片，通常坚硬。

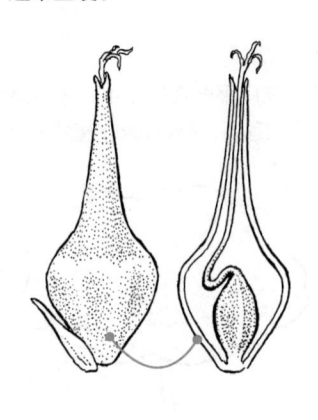

perigynous 周位的

部分子房上位的花，被丝杯呈杯状环绕子房而并不与之合生的结构。

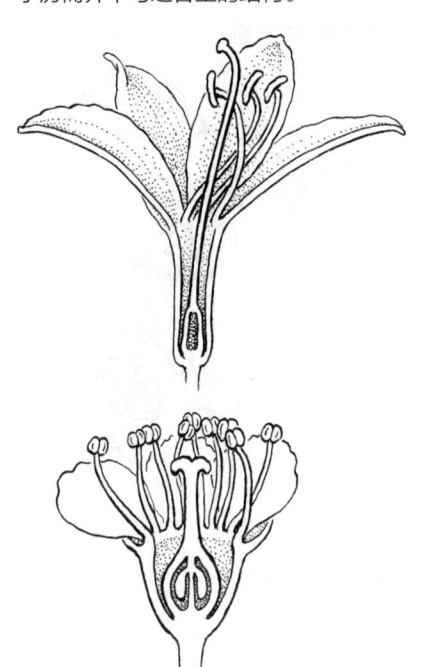

persistent 宿存的

某种器官的存在时间远超过正常，或者说本应早已脱落的器官仍然存在，如草莓属和蔷薇属果实上的萼片。

petal 花瓣

构成第二轮花被（花冠）的组件，通常色彩鲜艳，能吸引传粉者访花。形态多样，下图中有倒心形、匙形、二裂和具细尖的花瓣。

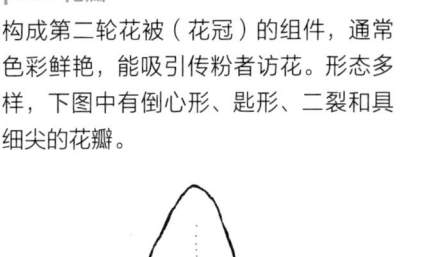

personate 假面状的

二唇形花冠，喉部几乎被下唇的喉凸（palate）完全封闭，需要传粉者挤进去才能完成授粉。

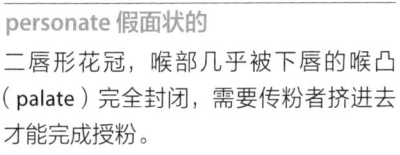

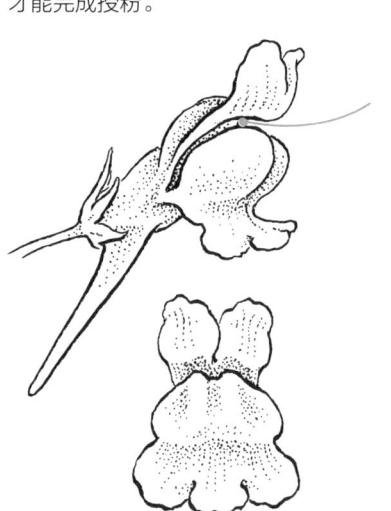

P

petaloid 花瓣状的

形似花瓣的器官，可能是花器官中的任何一轮，如花瓣状萼片（下图①，铁线莲属）和花瓣状雄蕊［下图②，美人蕉属（*Canna*）］。

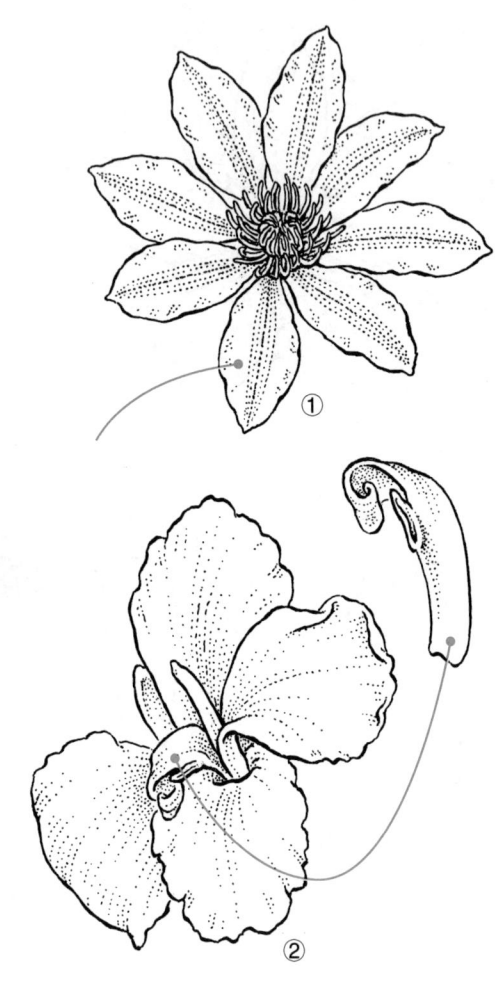

petiolate （叶）具柄的

具有叶柄的。

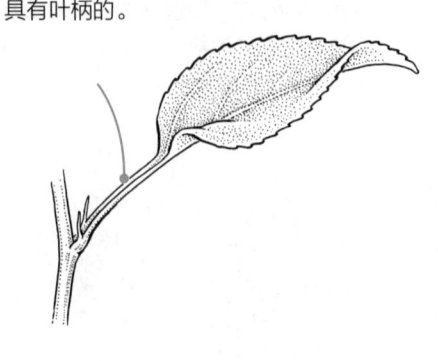

petiole 叶柄

叶中连接叶片和茎的部分。

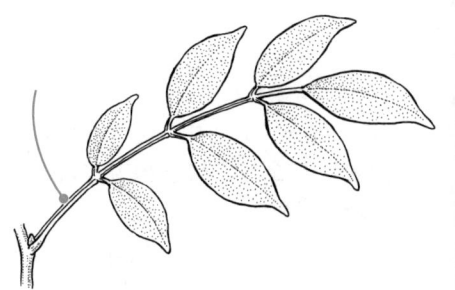

petiolule 小叶柄

复叶中一枚小叶的柄。

phanerogam 显花植物

种子植物，用种子而非孢子繁殖的植物。
反义词：cryptogam（隐花植物）。

-phore

后缀，表示"茎秆"。

phosphate 磷

植物必需的营养元素，化学符号为 P，在肥料中排名第二的成分。

photoperiodism 光周期

植物生长或开花受光照和 / 或黑暗时间长度调控的现象。

photosynthesis 光合作用

植物把来自太阳的光能转化为化学能储存在糖类里的过程，发生在叶绿体里。

phototropism 向光性

枝条向着光源生长、花向着光源开放、叶子向着光源展示的现象。

phyllary 总苞片

菊科植物头状花序外的总苞的组成部分。

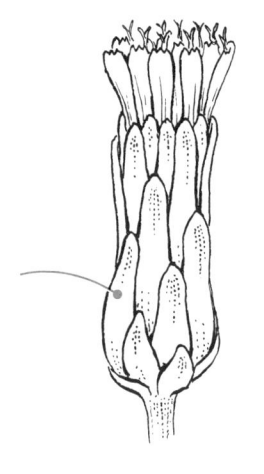

phylloclade 叶状枝

形态和功能都类似叶子的变态茎。

phyllode 叶状柄

叶片高度退化或完全消失、而由叶柄变宽而形成的叶状器官。见于相思属（*Acacia*）。这个词也用于描述瓶子草属没有特化成瓶子状的扁平叶片。

P

phyllotaxy 叶序

叶子在茎上排列的方式。

pilose 具柔毛的

表面覆盖柔软而长的毛。

154

pinna 羽片（复数 pinnae）

羽状复叶的初级组件，可能进一步分裂。
另见 leaflet（小叶）。

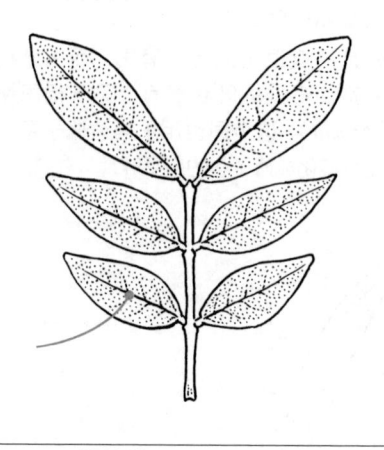

pinnatifid 羽状半裂的

叶片羽状开裂至边缘到中轴的一半或稍
稍超过的形态。

pinnate 羽状的

叶脉、叶裂片或小叶排列在伸长的主轴
两侧的形态。

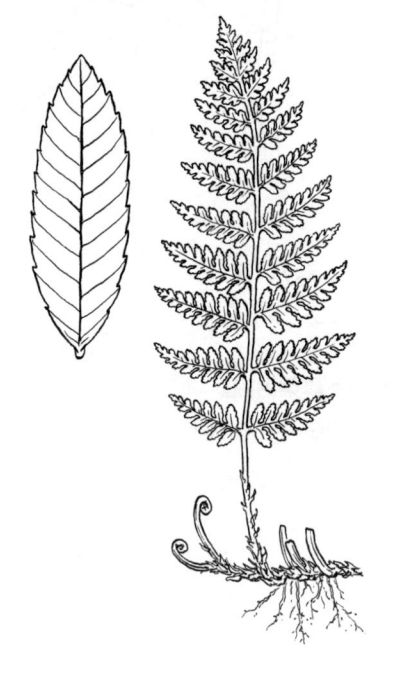

pinnatisect 羽状全裂的

叶片羽状开裂至非常接近中轴的形态。

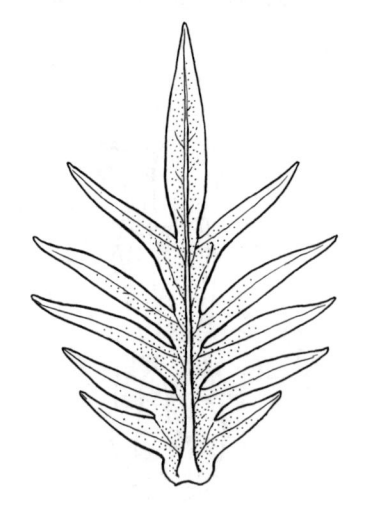

pinnule 小羽片

多回羽状复叶（或分裂叶）的最末一级小叶（或裂片），比如某些蕨类植物的叶。

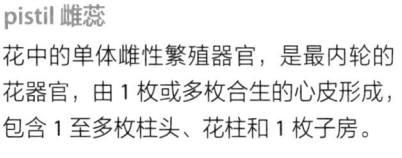

pistil 雌蕊

花中的单体雌性繁殖器官，是最内轮的花器官，由 1 枚或多枚合生的心皮形成，包含 1 至多枚柱头、花柱和 1 枚子房。

pistillate 雌蕊的

具有雌性繁殖器官（雌蕊）而没有雄性生殖器官（雄蕊）。

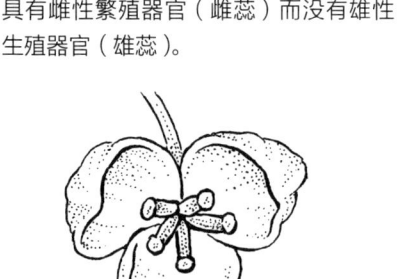

pit 核

肉质果实内部唯一的坚硬结构，可能是核果中包含种子的内果皮，如桃子，也可能就是坚硬的种子，如鳄梨。

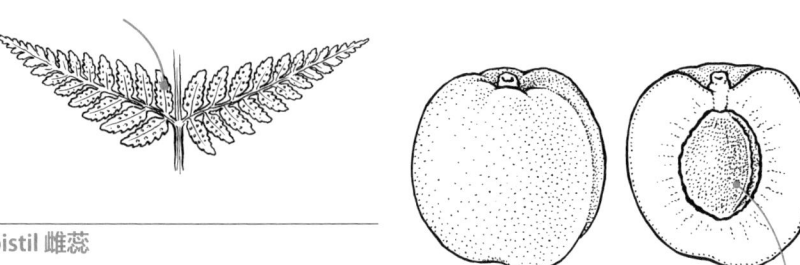

P

pith 髓

柔软、海绵质的组织，存在于维管植物茎和根的中心。

placenta 胎座
子房中着生胚珠、果实中着生种子的组织。

plantlet 小植株；苗
小型的植株，通常指通过自然或人工诱导的营养繁殖方式产生的。

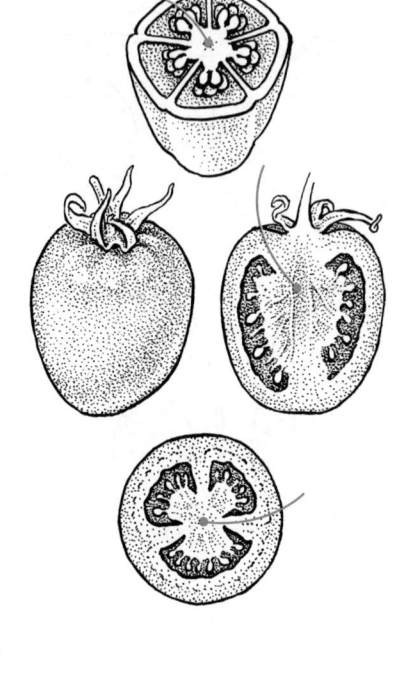

placentation 胎座式
子房中胎座的分布式样。胎座的位置通过胚珠或种子着生的位置最容易判断。

plane 平面
平的表面。

plano-convex 平凸的
一面平而另一面凸起的形态。

pleated 折扇状的

像折扇一样，沿着纵向的规则褶痕折叠的。例如番薯属（*Ipomoea*）的花冠、菜棕属（*Sabal*）的叶子。

同义词：plicate。

pleio-

前缀，表示"更多"。

pleiochasium 多歧聚伞花序

顶芽变成的花下方有 3 枚或更多次级分枝的聚伞花序。

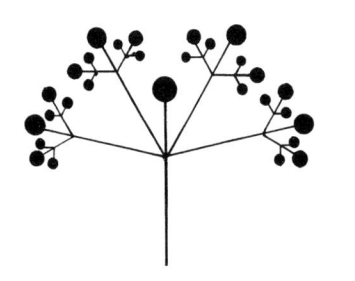

pleiomerous 重瓣的

花冠比自然状态下多出很多，例如重瓣月季。

同义词：doubled。

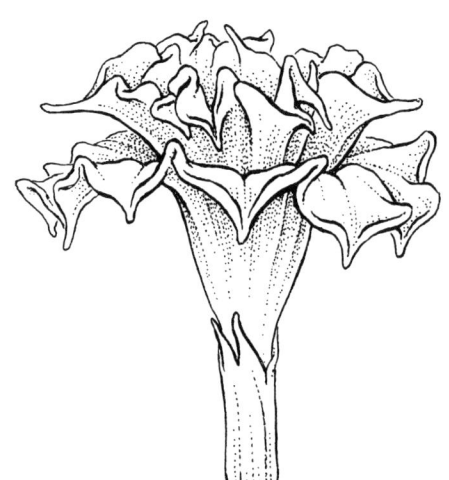

plicate 折扇状的

同义词: pleated。

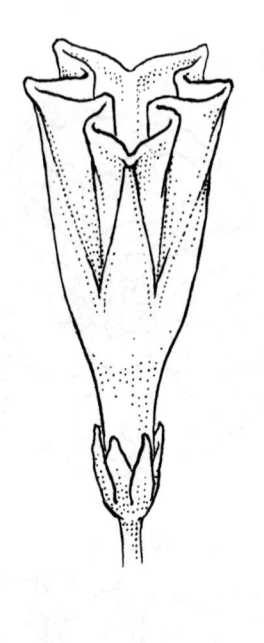

plumule 胚芽

胚中子叶以上的部分，萌发的种子长出的第一条茎。

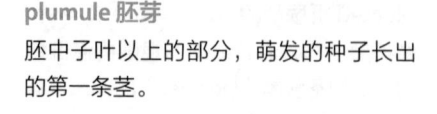

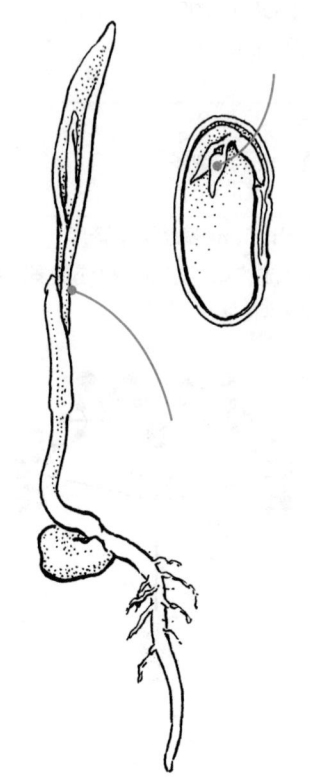

plumose 羽状的

羽毛状的结构。

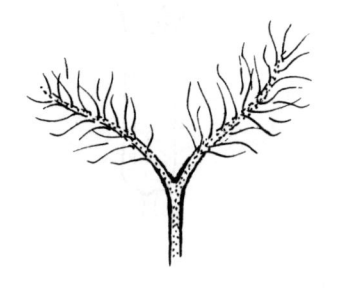

pneumatophores 呼吸根

垂直向上生长并露出水面，为其他被水淹没的根系提供气体交换的根。常见于红树植物。

pod 荚

所有干燥开裂果实的俗称，包括荚果、蒴果、角果等。

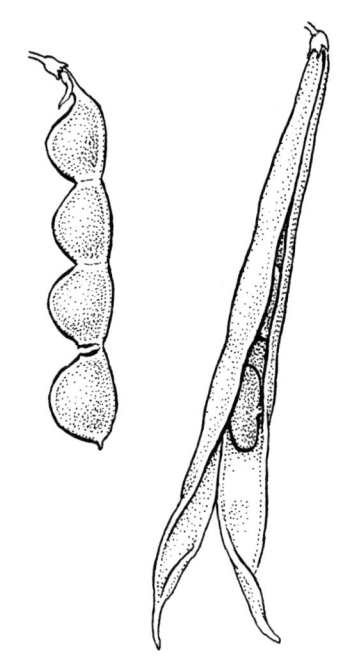

pollard 去顶；截稍

一种树木修剪方法，把树干和／或树枝的顶部切除以促进更多新枝生长。

pollen 花粉

种子植物的雄性孢子（未成熟的单核花粉）和雄配子体（成熟的多核花粉），授粉后将精细胞运输到胚珠完成受精。在被子植物中由花药产生，在裸子植物中由雄球花中的鳞片上的花粉囊产生。

pollinarium 花粉器

由 2 枚花粉块、2 枚花粉块柄和 1 枚黏性的着粉腺组成的器官，可以粘在传粉者身上传播。例如马利筋属植物。

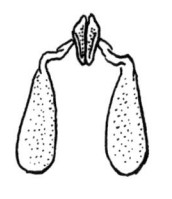

pollination 传粉

裸子植物的花粉被传递到胚珠、被子植物的花粉被传递到柱头的过程。

pollinator 传粉者

将花粉从一株植物传递到另一株的生物（如昆虫、鸟）或其他媒介（如水和风）。绝大多数情况下指生物媒介。

P

pollinium 花粉块（复数 pollinia）

一个药室里的全部花粉粘成一团，整体被传粉者携带。见于马利筋属和兰科，在马利筋属中是花粉器的一部分。

poly-

前缀，表示"多"。

polycarpic 多年生的，多次结果的

生活和繁殖超过两年以上的植物，亦即一生中可以多次开花结果的植物。
同义词：perennial。
反义词：monocarpic（一次结果的）。

polychasium 多歧聚伞花序

顶芽变成的花下方有 3 枚或更多次级分枝的聚伞花序。

polygamous 雌雄全同株的

同一植株上有雄花、雌花和两性花。

polymorphic 多态的

具有多种形态的，用于描述整个生物体或单独的器官。

polyploid 多倍体

拥有多于两套的染色体，例如 3n、4n、5n、6n。另见 diploid（二倍体）、haploid（单倍体）、tetraploid（四倍体）。

pome 梨果

由被丝杯与子房合生之后发育而成的肉质假果，果实的主要部分来自肉质化的被丝杯而非子房本身。例如苹果属（*Malus*）和梨属（*Pyrus*）。

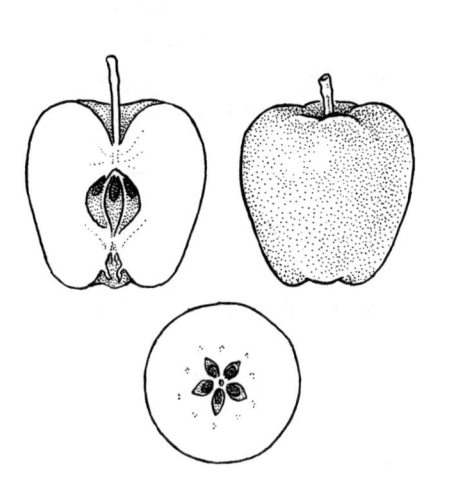

pore 裂孔

小的开口，见于花药［如杜鹃花科（Ericaceae）］或蒴果［如罂粟属（*Papaver*）］。

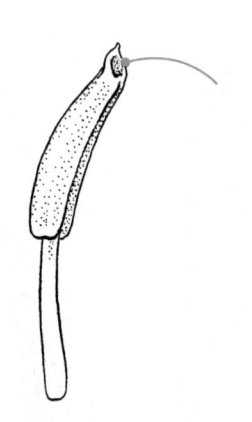

poricidal 孔裂的

以 1 至多个小孔的方式打开，见于某些花药和蒴果。另见 septicidal（室间开裂的）、circumscissile（盖裂的）和 loculicidal（室背开裂的）。

potash 钾肥

碳酸钾，肥料中钾元素存在的形式。

potassium 钾

植物必需的营养元素，化学符号为 K，在肥料成分中排名第三。

prickles 皮刺

表皮上尖锐的凸起。

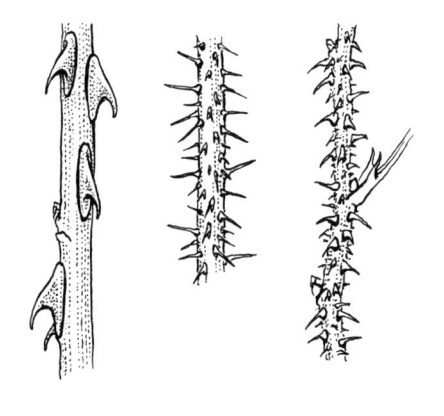

primary 主要的；初级的

最初的部分或分支，如一片叶子中最大的叶脉，或一回羽状复叶的小叶。

primocane 当年开花茎

特指某些树莓和黑莓品种（悬钩子属）的二年生枝条在生长期的第一年夏末即能开花结果，也可能推迟至第二年。具有当年开花茎的品种被称为"秋季结实的"。
反义词：floricane（次年开花茎）。

procumbent 平卧的

茎贴着地面生长，但节上并不生根。

proliferous 增生的；多育的

由叶或花上产生的珠芽或小植株进行营养繁殖。

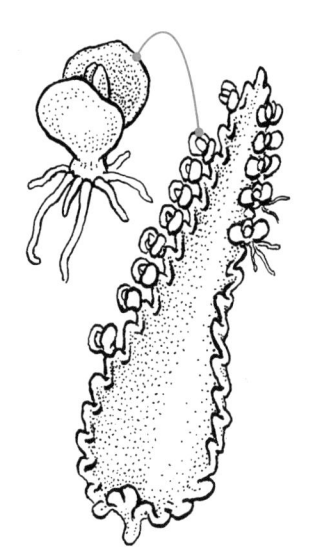

prominent 突出的

凸起的，如叶子的中脉。

propagation 繁殖

由母体产生的种子、孢子或营养体生长成新植株的过程。

P

propagule 繁殖体

植物体专门产生的构造或人为切割的一部分，可以成长为新的植株。如珠芽、孢子、种子、插条等。

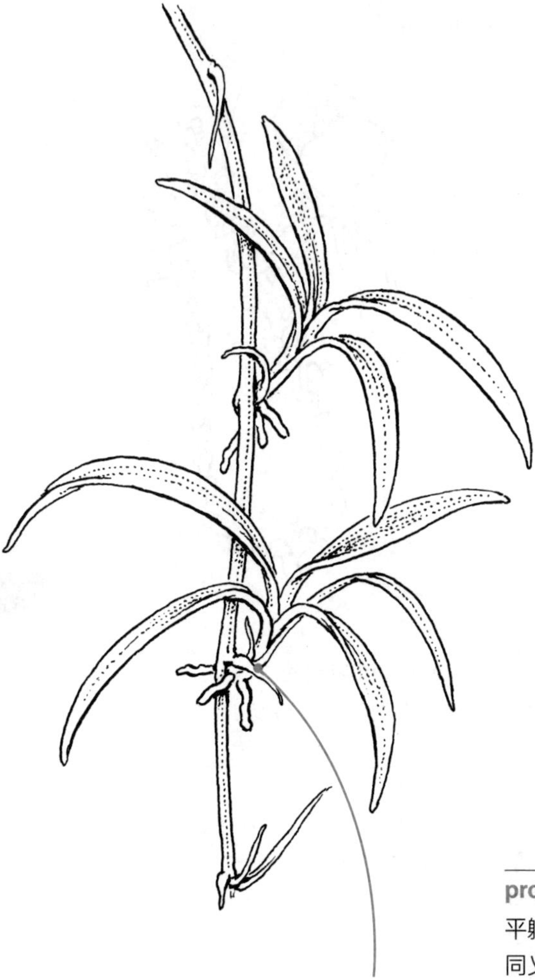

prop root 支柱根

由主干下方生出的不定根，用于支撑植株。

同义词：anchor root，brace root，stilt root。

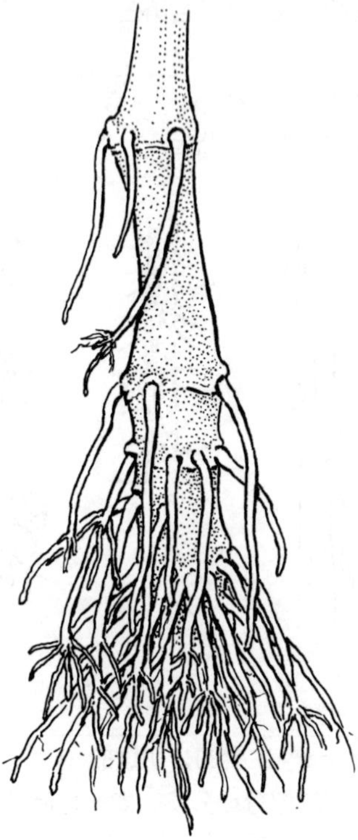

prostrate 平卧的

平躺在地上的。

同义词：recumbent。

protandrous 雄蕊先熟的

雄蕊成熟并释放花粉的时间在雌蕊成熟并能接受花粉之前，有助于避免自花授粉。

protogyny 雌蕊先熟

雌蕊成熟并能接受花粉的时间在雄蕊成熟并释放花粉之前，有助于避免自花授粉。

proximal 近基的，近轴的

接近着生点的。

反义词：distal（远基的，远轴的）。

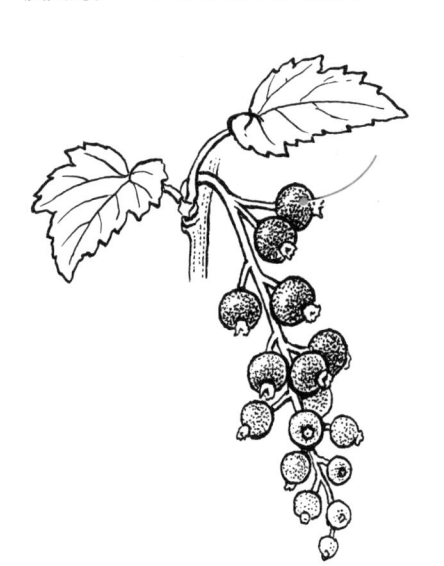

pseudanthium 假花

非常形似一朵单花的花序，如狗木的花序、大戟属的杯状聚伞花序、菊科的头状花序等。

同义词：false flower。

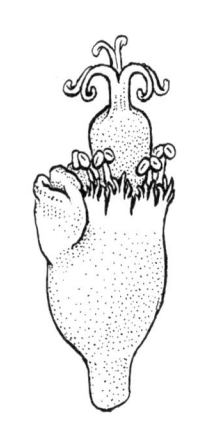

P

pseudo-

前缀，表示"假的"。

pseudobulb，假鳞茎

形似鳞茎的肥大茎，见于某些兰科植物。

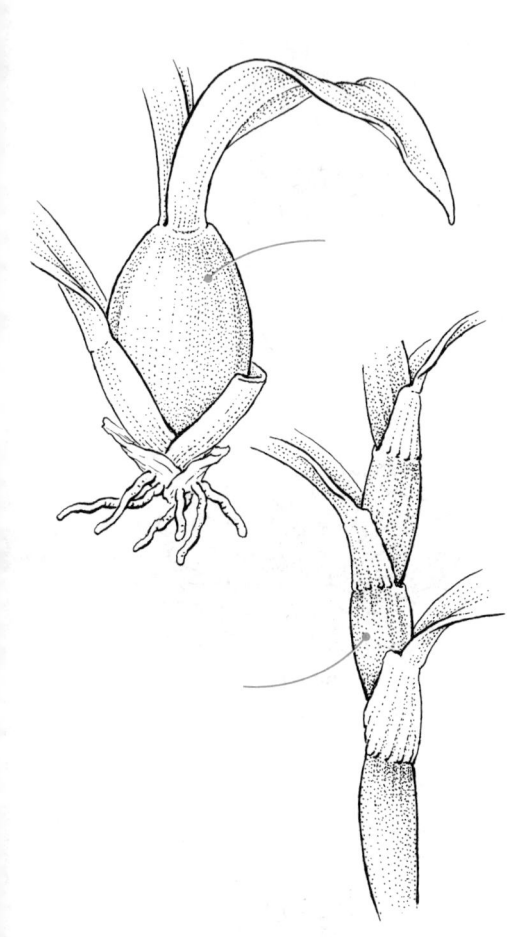

pseudocarp 假果

参与构成果实的组织并非全部来自子房，而可能来自花被、花托甚至花序轴。例如蔷薇属的蔷薇果，由凹陷的坛状花托形成。

同义词：anthocarp，false fruit。

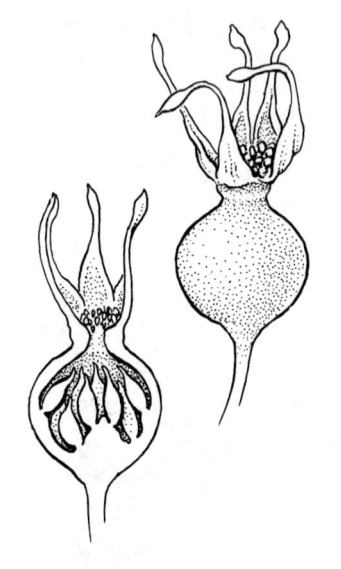

pseudocopulation 性欺骗传粉

某些兰花的传粉策略，以花部器官模拟一只雌性的昆虫，欺骗雄性昆虫与之交配而实现传粉。

同义词：sexual deception。

pseudoterminal 假顶生的

看似顶生生长的侧生生长，比如合轴分枝的茎通过侧芽生长来延伸长度。

ptyxis 幼叶卷叠式

叶在芽里的排列方式。另见 aestivation（花被卷叠式）。

同义词：vernation。

---

puberulent 被微柔毛的

表面覆盖有极短的柔毛。

---

pubescence 光滑的

无毛的。

---

pubescent 被短柔毛的

有毛的。

---

pulvinus 叶枕（复数 pulvini）

叶柄或小叶柄基部肥大的部分 [后者有时称为小叶枕（pulvinule）]。

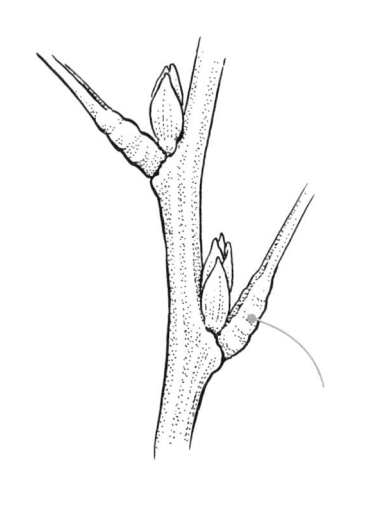

---

punctate 具点的

具有小的凹穴或色斑。

pup 小植株（俗称）

由母体经营养繁殖产生的小型植物。

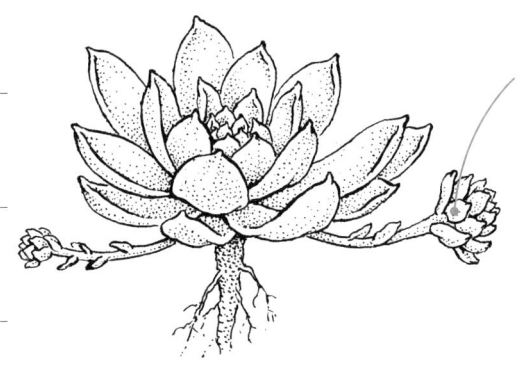

---

pyramidal 金字塔形的

四面体型的。

---

pyriform 梨形的

形似梨的。

P

quad-
前缀，表示"4"。

quinque-
前缀，表示"5"。

R

raceme 总状花序

无限花序的一种，有柄花排列在不分枝的伸长主轴上形成。

rachilla 小轴，小穗轴

小型或次级的轴性器官，通常用于描述禾本科或莎草科植物的花序小穗的轴。

rachis, rhachis 轴

分枝或分裂器官，例如花序或复叶的主轴。

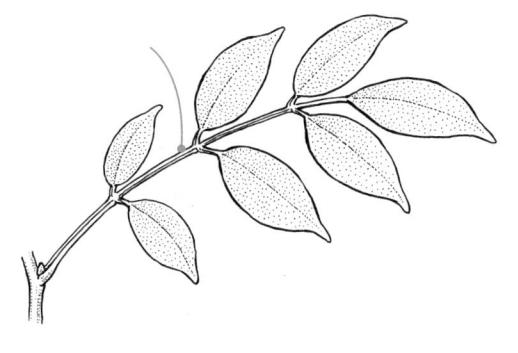

radially symmetrical 辐射对称的

具有多个对称面，任何通过结构中央的平面都能将其分成互为镜像的两部分，通常用于描述花。

同义词：actinomorphic（辐射对称的），regular（整齐的）。

反义词：bilaterally symmetrical（两侧对称的）；irregular（不整齐的）；zygomorphic（左右对称的）。

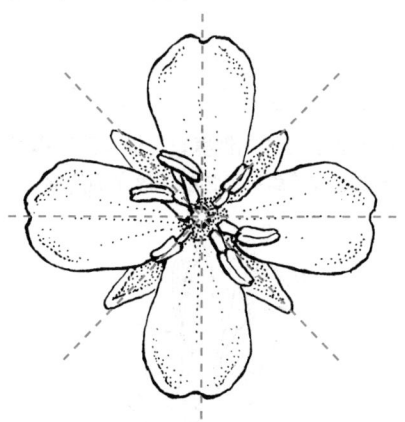

radiate 辐射状的

1. 向外分散的，例如花瓣从花朵中心向外发出，又如罂粟属的柱头。2. 菊科植物的头状花序中具有边花 / 舌状花的状态。

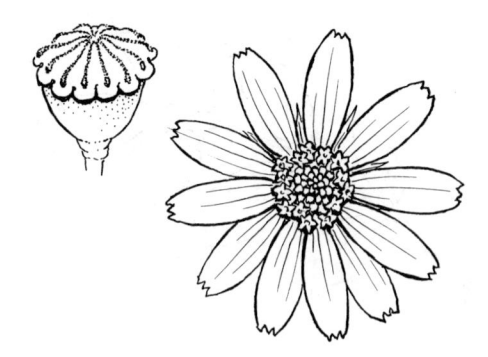

radicle 胚根

胚中子叶以下的部分，种子萌发长出的第一条根。

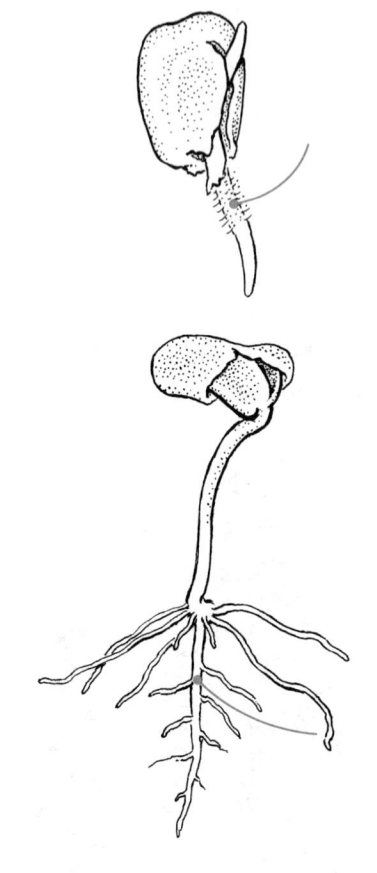

ramet 分株

由营养繁殖产生的无性系群体 [基株，（genet）] 中的每一个克隆个体。

ramicaul 独叶茎

一段发育正常的只有一片叶子的茎，如腋花兰属（*Pleurothallis*）。

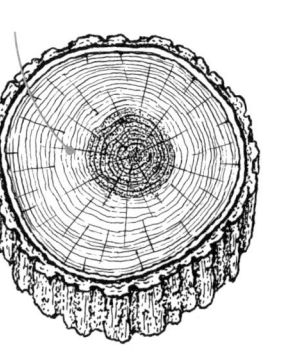

range 分布区

自然分布的地理范围。

ratoon 截根苗

多年生植物的地上部分被砍伐后从根或根状茎长出的苗，如甘蔗属（*Saccharum*）和很多树木。

ray

1. 边花、舌状花，菊科植物的头状花序边缘具有两侧对称花冠的花。

2. 射线，木材中与维管组织方向垂直（即沿半径方向）排列、穿过年轮的薄壁组织。

1 的同义词：ligule。

ray flower 边花

菊科植物的一种花冠形态，花冠裂片合生、伸长且位于同一侧。舌状花在整个"假花状的"头状花序中行使花瓣的功能。

同义词：ligulate flower（舌状花）。
反义词：disk flower（盘花）。

receptacle

1. 花托，一朵花中花器官着生的位置，在某些果实中会膨大，如草莓属。2. 花序托，菊科植物的头状花序中，所有小花着生的位置。

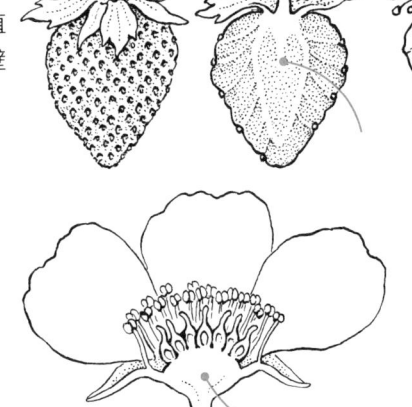

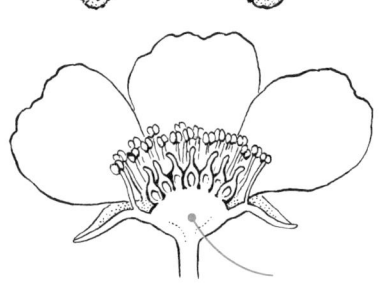

R

receptive 可受的

指雌蕊的柱头成熟并可接受花粉。

recumbent 平卧的

平躺在地上的。

同义词：prostrate。

recurve 反卷的

从背面向着结合点的位置卷曲。

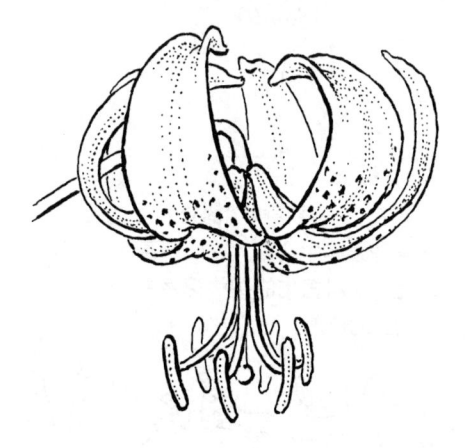

reflexed 反折的

从背面向着结合点的位置折叠。

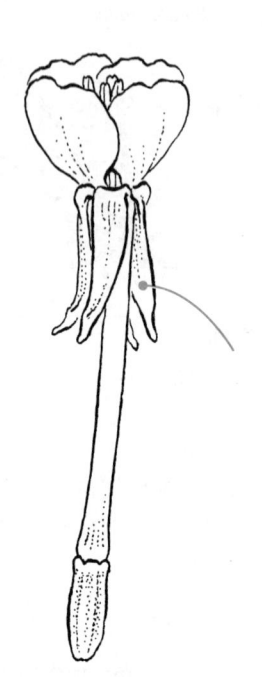

reduplicate 外向对折的

整个器官从基部到顶端向着背面（远轴面）的方向对折起来。

反义词：conduplicate（对折的）。

refoliate 重生叶

由疾病、被啃食或春季霜冻等因素导致的意外落叶之后重新长出叶子的过程。

regular 整齐的

具有多个对称面，任何通过结构中央的平面都能将其分成互为镜像的两部分，通常用于描述花。

同义词：actinomorphic，radially symmetrical（辐射对称的）。

反义词：bilaterally symmetrical（两侧对称的），irregular（不整齐的），zygomorphic（左右对称的）。

reniform 肾形的

形状像肾脏的。

repand 浅波状的

边缘或表面呈浅的波浪状弯曲。

同义词：undulate。

replum

1. 角果缘或角果框，十字花科植物的角果中，将两心皮分隔成假 2 室的多孔薄膜以及边缘胎座所着生的心皮缝线所构成的结构。（译者注：有的参考书把这个词翻译成假隔膜，但假隔膜只是薄膜状的部分，而不包括心皮缝线，所以我新造了个词。）

2. 荚缘，部分具节荚的豆科植物，节荚成熟脱落之后留下的由心皮缝线形成的框架状结构。（译者注：原文称这个部分是宿存的边缘胎座，但胎座是否包含心皮缝线，尚有争议。）

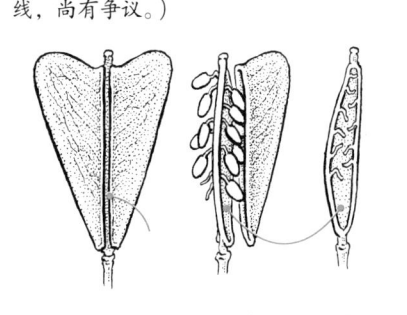

reseed 重结籽

植物重新开始结出种子，常用于描述草坪草。

resin 树脂

一些木本植物体内含有的不溶于水的黏性分泌物。

resupinate 倒置的

由于花柄扭转 180°，而使得花上下颠倒。见于某些兰科植物。

reticulate 网脉的，网状的

分支的脉联结成错综复杂的网状式样。

同义词：net-veined，netted。

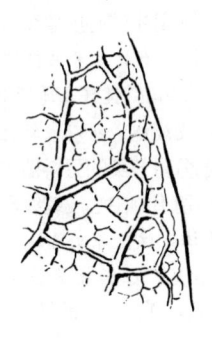

retrorse 反向的；向基的

指向下方或基部的。

反义词：antrorse（顺向的）。

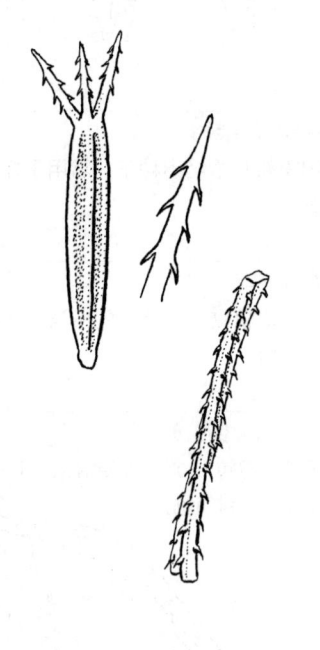

retuse 微缺的

先端圆形，中部有很浅的凹陷。

同义词：emarginate。

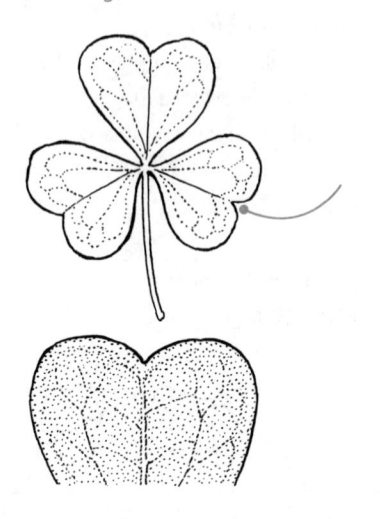

revolute 外卷的、反卷的

边缘向背面（远轴面）卷曲的。

反义词：inrolled，involute（内卷的）。

rhachis, rachis 轴

分枝或分裂器官，例如花序或复叶的主轴。

rhizome 根状茎

位于地下、通常水平方向生长的茎。例如姜（*Zingiber officinale*）。

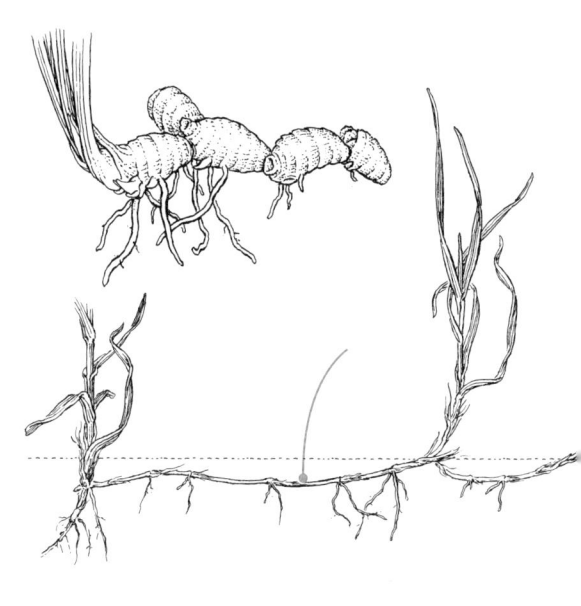

rhomboid, rhombic

斜方形的，菱形的。

rhizomatous

具根状茎的。

R

rib 肋

显眼的叶脉，通常指主脉。

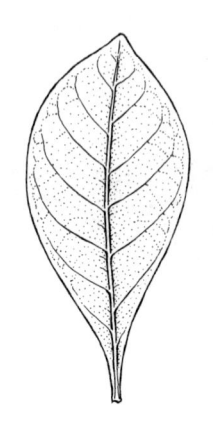

riparian 岸栖的

沿着河流或溪流的岸边生长的。

ripe 成熟的

指果实完全发育成熟。

root 根

通常位于地下的轴性植物器官，没有叶和节，功能是吸收水分、营养和支撑植物体。

root ball 根球，土球

移栽植物时把根连带周围土壤一起挖出的方法，常用麻袋包裹。

rootbound 根满盆，盆缚

盆栽植物的根系填满花盆内空间的现象，通常会导致生长不良，需要修根或换盆。

root crown 根颈

根和茎结合的部位。

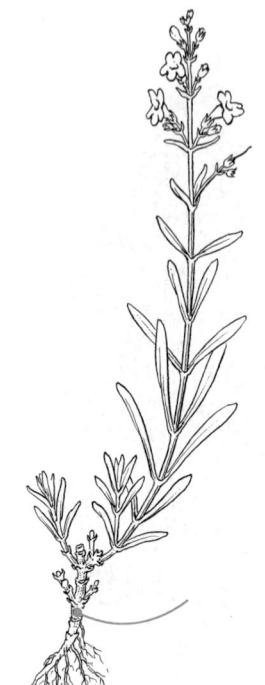

root nodule 根瘤

很多豆科植物的根与固氮细菌共生后形成的圆形结节。

rootstock 砧木

嫁接中提供根系和主干，被接穗接于其上的植物。

rosette 莲座丛

在地表附近密集环状排列的叶或其他器官形成的结构。

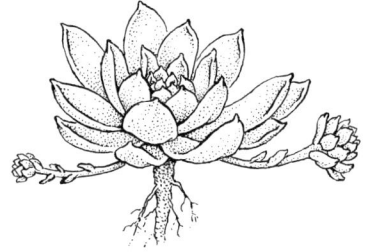

rostellum 蕊喙

兰科植物合蕊柱上位于药室和柱头穴之间的凸出结构，有助于防止自花授粉。

rotate （花冠）辐状的

圆盘形的，用于描述无花冠管的合瓣花，花冠裂片平展而形成圆盘形。

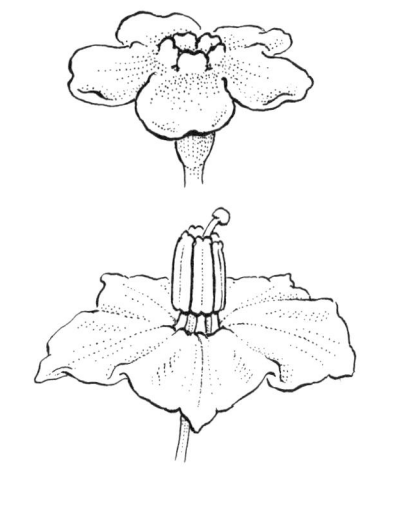

rudimentary 发育不全的

体型较小而无功能的。例如某些花中没有繁殖功能的退化雄蕊（staminode）。

同义词：obsolete，vestigial。

rufous，rufus 红褐色

类似铁锈或栗子的颜色。

同义词：castaneous，ferruginous。

rugose

起皱的。

ruminate 嚼烂状的

粗糙起皱的，看似被嚼过的。

runcinate 倒向羽裂的

叶片羽状分裂，裂片先端指向叶基部。
例如蒲公英的叶子。

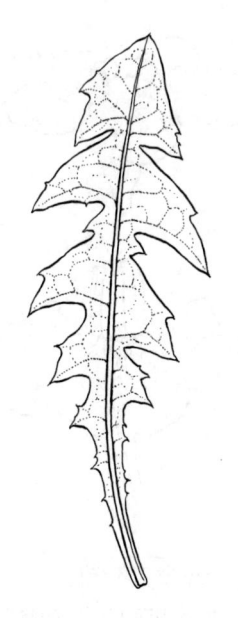

runner 走茎，细匍茎

在地面水平匍匐生长的茎，节上和顶端
均生不定根和叶，可用于营养繁殖。例
如草莓属。

同义词：stolon。

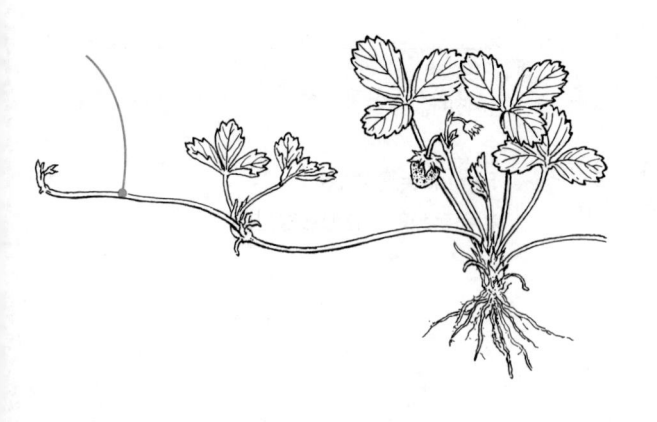

S

saccate 囊状的
形似口袋的，具有囊状结构的。

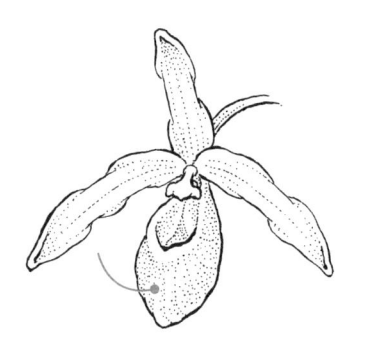

salverform 高脚碟状的
形似小号的，具有细长的管部和开展的
冠檐，如某些合瓣花冠。

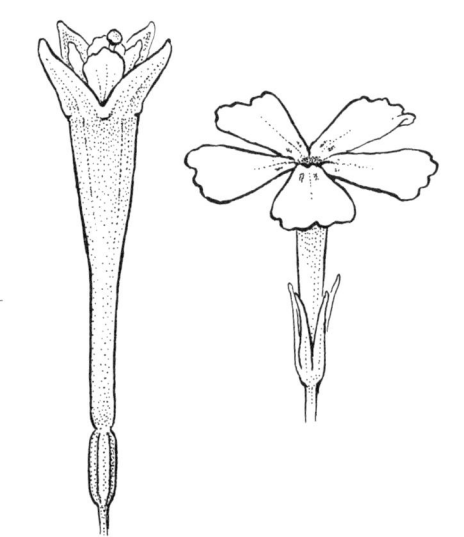

sagittate 箭头形的
形似箭头的，基部裂片指向下方。

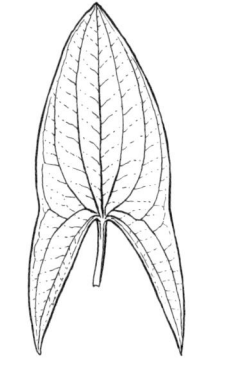

samara 翅果
果皮扩展成翅状的干燥不开裂果实。例如，梣属（*Fraxinus*）和鹅掌楸属（*Liriodendron*）的果实。

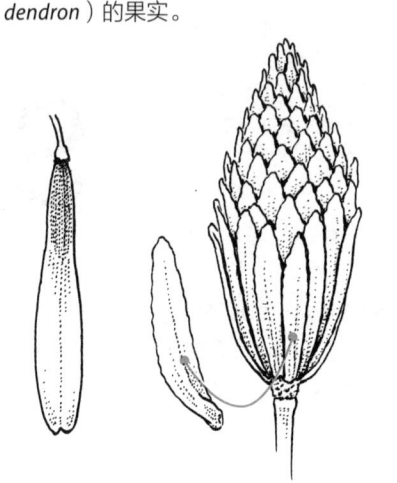

samaroid 翅果状的
形似翅果的。

samaroid schizocarp 翅果状分果
由二心皮子房发育而成的干燥果实，成熟时两个分果爿各长有一枚翅。例如槭属。
同义词：double samara（双生翅果）。

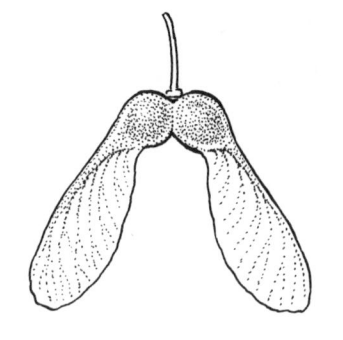

sap 汁液
植物维管组织内的液体。

sapling 树苗
茎已经开始木质化但还很柔软的幼小树木。

saprophyte 腐生植物
从腐烂的有机质中获取营养的真菌。（译者注：真菌不是植物！）所有过去被认为是"腐生"的植物，实际上都是菌异养的，它们寄生在真菌上，从真菌本身，以及通过真菌构成的菌根网络从其他绿色植物获取营养。另见 mycoheterotroph（菌异养植物）。

sapwood 边材
木质部中比较靠外、年轻而颜色较浅、密度较小的部分，包裹在心材之外，用于木工的价值较低。

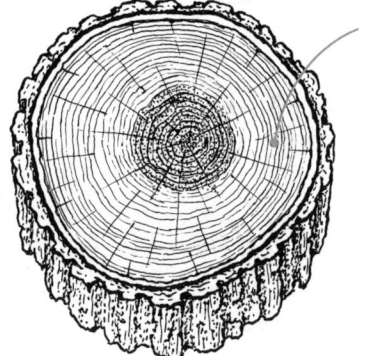

sarmentose 具鞭状匍匐茎的

具有长而细的匍匐茎。

同义词：flagellate。

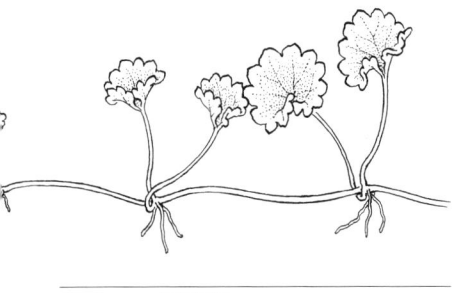

scabrous 粗糙的

表面摸起来像砂纸的。

scale 鳞片

1. 表皮凸起物的一种，通常扁平而宽。
2. 小型的叶或叶状器官。3. 鳞叶，鳞茎中的肉质或干燥的特化叶。4. 球花或球果的基本构成组件，其上生有孢子、花粉、胚珠或种子。5. 介壳虫总科（Coccoidea）的、吸食植物汁液的昆虫。

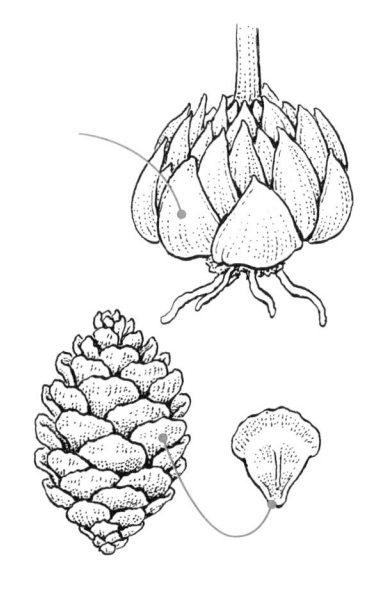

scandent 攀缘的

攀附或依靠其他植物或支撑物以垂直生长的植物。

scape 花葶

从根、鳞茎或块茎中发出的，无叶的单花花梗或花序总梗，通常见于具有莲座状叶丛的植物。如郁金香属（*Tulipa*）和报春花属。

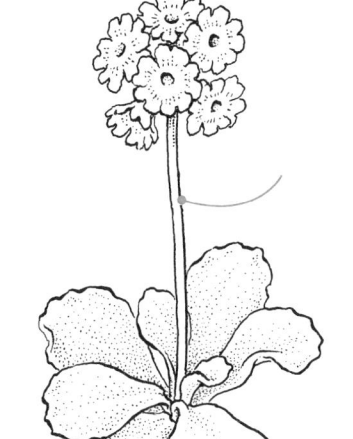

scapiform 花葶状的

形似花葶的茎，但并非完全无叶。

S

scar 痕

1. 叶痕，叶片脱落后在茎上留下的疤痕。
2. 维管束痕，叶痕中维管束断裂留下的
痕迹。3. 种脐，种子表面由种柄脱落留
下的疤痕。4. 任何器官表面受伤后留下
的疤痕。

schizocarp 分果

多心皮子房发育而成的果实，开裂时每
个心皮包含一枚种子一起脱落 [meri-
carp（分果爿）]。

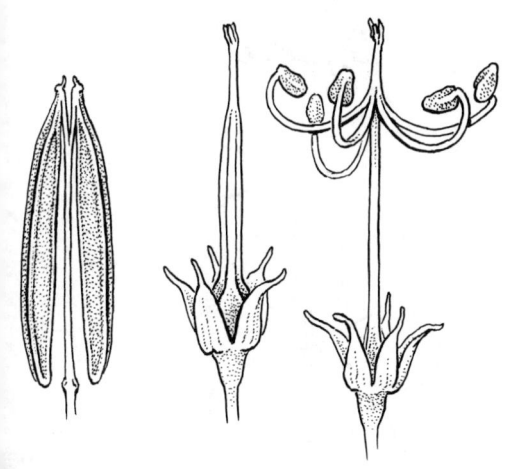

scion 接穗

嫁接中被接在砧木上的枝条，提供所需
要的性状。

scorpioid cyme 蝎尾状聚伞花序

单歧聚伞花序的一种，花朵轮流着生在
花序的两侧，合轴形成的花序轴呈之字
形弯曲。常和 helicoid cyme（螺状聚伞
花序）混淆。

scurf 鳞屑

某些植物器官表面的鳞状覆盖物，常呈
深色或粗糙的斑点。

secund 偏向的

组件只位于一侧的，例如花只排列于花
序的一侧。

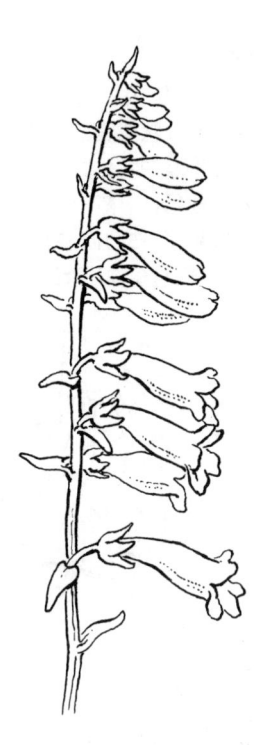

seed 种子

内部含有胚的繁殖器官，由胚珠发育而成。例如鳄梨的核或葵花籽［向日葵（ *Helianthus annuus* ）］的仁。

seed leaf 子叶

胚中最初的叶。

同义词：cotyledon。

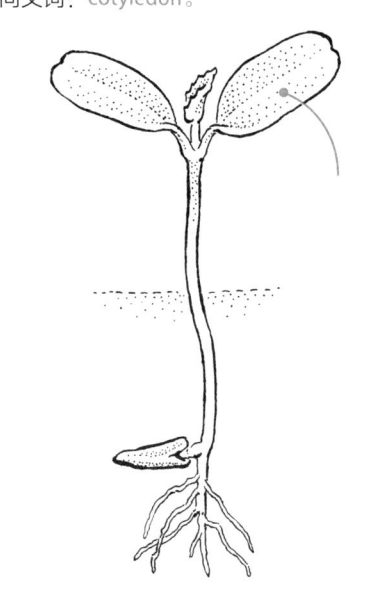

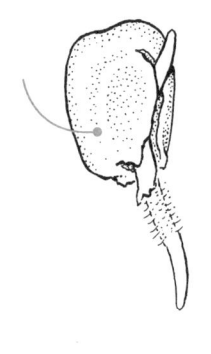

seed coat 种皮

包裹种子的组织，由珠被发育而成。

同义词：testa。

seedling 幼苗

种子刚刚萌发时长出的极幼小的植物。

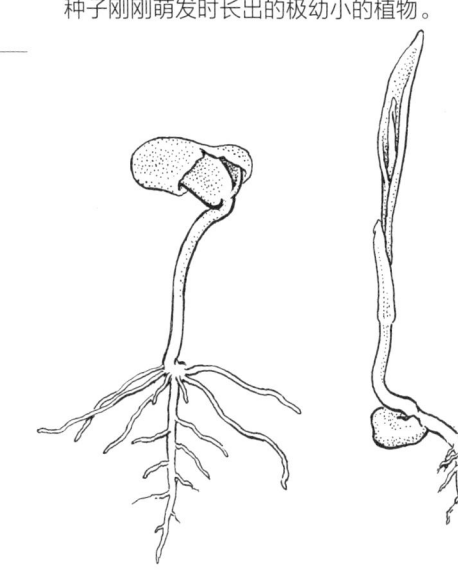

S

self-pollination，selfing 自交

花粉由同一植株的花药传递到柱头并完成受精的过程。

sepal 萼片

最外一轮花器官（花萼）的单个组件，叶状或花瓣状。

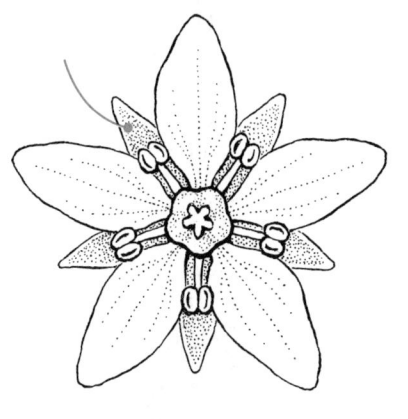

sepaloid 萼片状的

形似萼片的。

septicidal 室间开裂的

蒴果从子房室之间的隔膜处（亦即心皮腹缝线处）开裂。另见 circumscissile（盖裂的）、loculicidal（室背开裂的）、poricidal（孔裂的）。

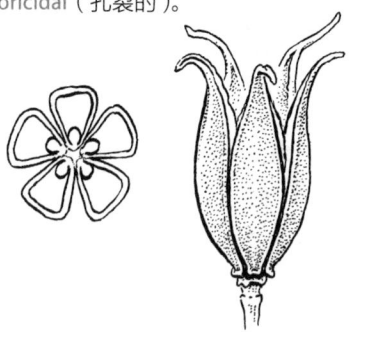

septum 隔膜（复数 septa）

将子房或果实分隔成若干室的隔膜。

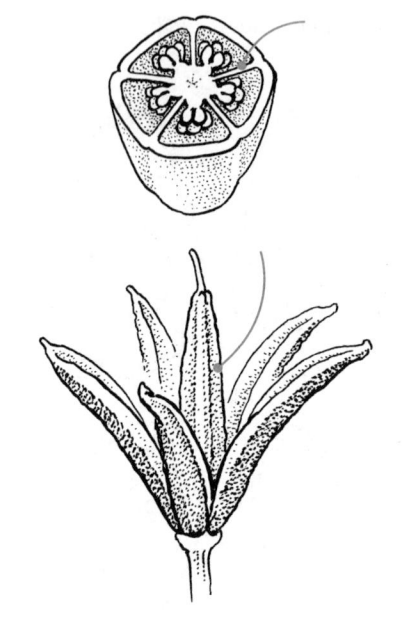

serotinous

1. 延迟开放的，指球果、果实或果序需要某种环境条件（通常是火烧）触发才会打开释放种子的现象，如松属、帝王花属（*Protea*）的某些种类。2. 迟季的，开花或生叶晚于同季其他植物的。3. 迟的，如先花后叶（serotinous leaves）和先叶后花（serotinous flowers）。

serrate 有锯齿的

边缘有锯齿，齿端指向叶尖。

serrulate 有细锯齿的

边缘有小型的锯齿，齿端指向叶尖。

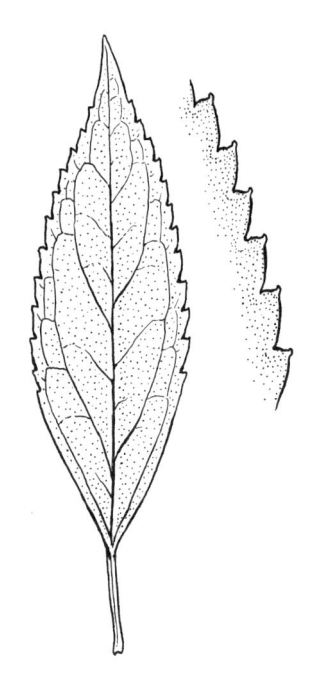

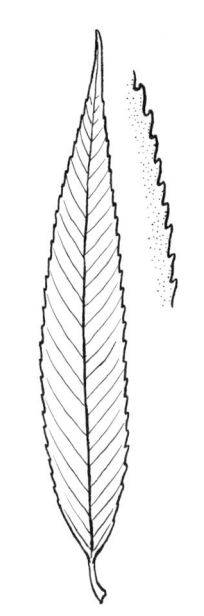

serration

1. 锯齿，单一的或叶缘全部的锯齿。

2. 锯齿式，锯齿的形状和排列方式。

sessile 无柄的

如叶子没有叶柄。

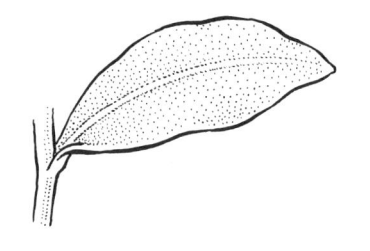

set 幼苗

秧苗，幼小的移植用植株。

S

setose 具刚毛的

表面有刚毛的。

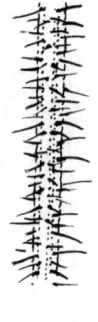

sexual deception 性欺骗传粉

某些兰花的传粉策略，以花部器官模拟一只雌性的昆虫，欺骗雄性昆虫与之交配而实现传粉。

同义词：pseudocopulation。

sheath 鞘

一个器官的扁平而伸长的结构，部分或完全地包裹另一个器官。例如某些单子叶植物的叶柄形成的抱茎的鞘。

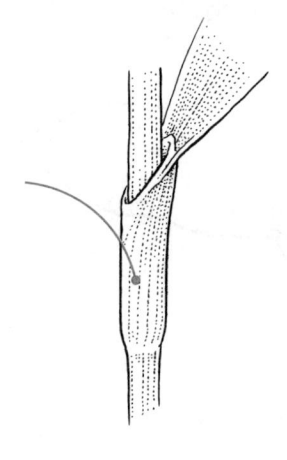

sheathing 具鞘的

形成鞘状结构的，如叶柄具鞘。

shoot 枝

通常指新生的茎。

short-day plant 短日照植物

每天需要 12 小时以上黑暗时间才能正常生长繁殖的植物。

反义词：long-day plant（长日照植物）。

short shoot 短枝

节间高度缩短的枝条，通常生有叶片和繁殖器官，如银杏和苹果（Malus × domestica）。

同义词：brachyblast，spur。

反义词：long shoot（长枝）。

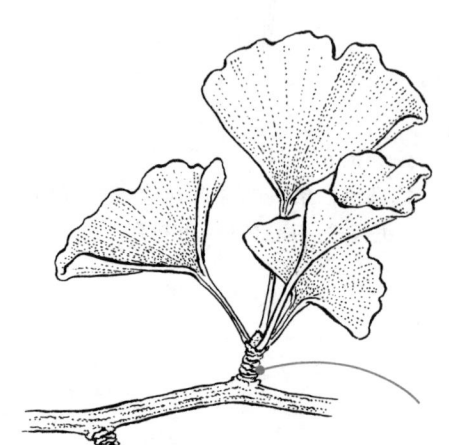

shrub 灌木

具有多条茎（且没有明显主茎）的木本植物，通常比乔木矮小。

同义词：bush。

shrublet 小灌木

非常矮小的灌木。此外，只有一条主茎的极矮小木本植物也是小灌木，如紫金牛属（*Ardisia*）的某些种。

sigmoid S 形的

形似字母 S 的。

silicle 短角果

由 2 心皮、边缘胎座的上位子房发育而成的干燥开裂的短果实，中间由宿存的假隔膜与心皮缝线共同构成的角果框（replum）隔成假 2 室。见于十字花科。

silique, siliqua 长角果

由 2 心皮、边缘胎座的上位子房发育而成的干燥开裂的长果实，中间由宿存的假隔膜与心皮缝线共同构成的角果框隔成假 2 室。见于十字花科。

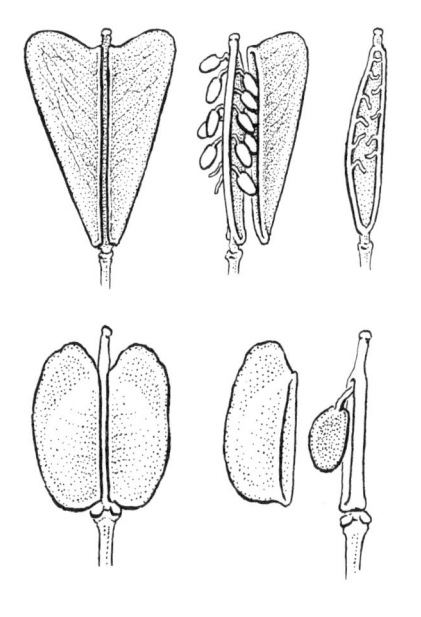

silk 玉米须

玉米的雌花序和果序顶端的长、细而柔软的花柱。

simple 单的

1. 单叶，不分裂的叶片。2. 单花序，不分枝的花序。

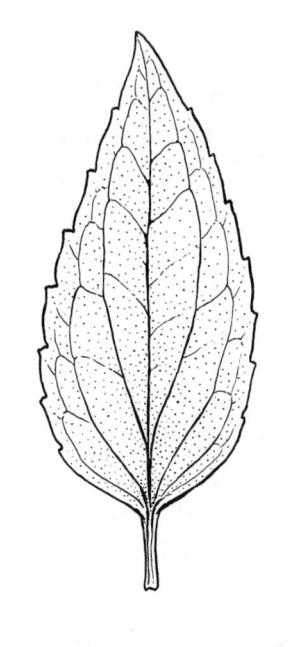

sinker 下沉芽

由鳞茎或球茎向下方生长的芽，最终形成新的鳞茎或球茎。

同义词：dropper。

sinuate, sinuous 波状的

边缘呈较深的波浪状。

sinus 凹缺

叶片或花瓣等器官边缘两个裂片或圆齿之间的凹陷部分。

sorus 孢子囊群（复数 sori）

真蕨类植物的孢子囊群，生于叶片背面，可能是裸露的，也可能被囊群盖或假囊群盖覆盖。

sp.

缩写，写在属名后面，表示某一个种（单数）。

spadix 肉穗花序

不分枝的无限花序，由花朵略微凹陷地着生在伸长的肥厚花序轴上形成。见于天南星科（Araceae）。

smooth

1. 光滑的，指表面不粗糙。2. 全缘的，指边缘不分裂也不具齿。

snag

1. 枯立木，死亡但仍然直立的树。2. 残枝，残桩，枝条被截断后残余的部分。

solitary 单的

单独的，只有一个的。

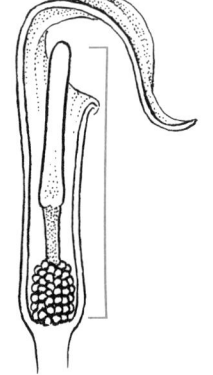

spathe 佛焰苞
天南星科中部分或全部包裹肉穗花序的大型苞片。

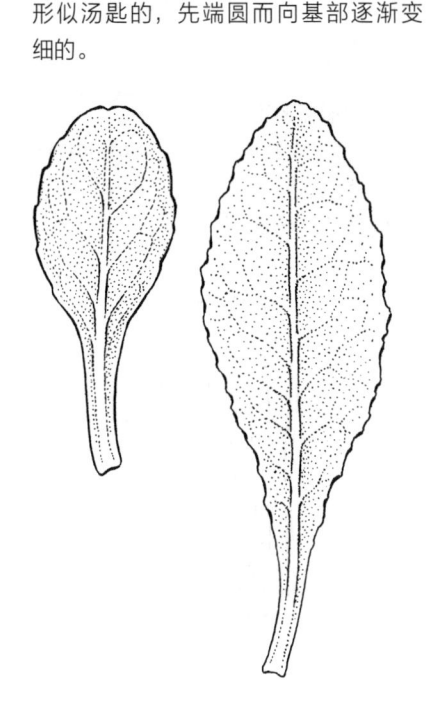

spatulate 匙形的
形似汤匙的，先端圆而向基部逐渐变细的。

species 种
主要分类阶元中最底层的一种，位于属之下。种下可能包括亚种、变种和变型。

spherical 球形的
立体的圆球形。
同义词：globose，globular。

spicate 穗状花序的
具有穗状花序的，形似穗状花序的。

spike 穗状花序
一种无限花序，由无柄花着生在不分枝的伸长花序轴上组成。

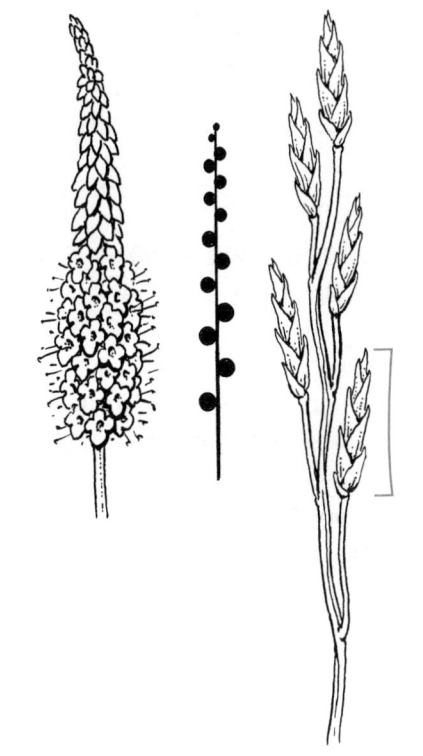

spikelet 小穗

小型的穗状花序，通常指构成禾本科植物花序的基本单位。

spine 叶刺

由叶、小叶、苞片、萼片或托叶特化而成的尖锐的器官。

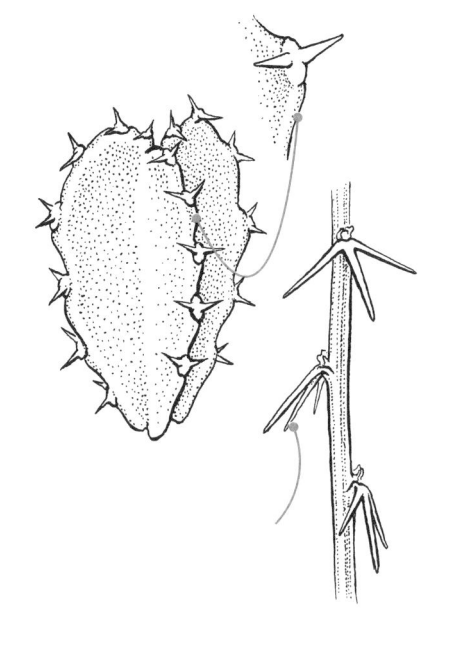

spinose, spiny 具刺的

有刺的。

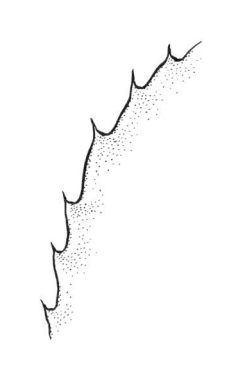

spinose tooth 刺齿

齿尖具刺。叶或叶状器官边缘的齿，顶端尖锐如刺。

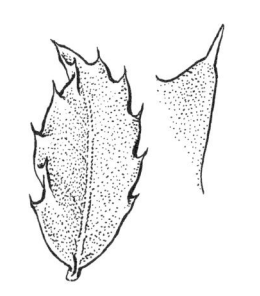

spinulose 具细刺的

有小刺的。

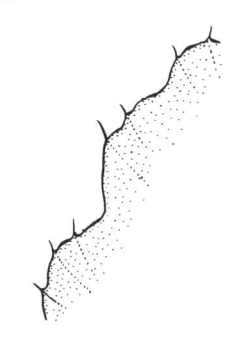

sporangium 孢子囊

（复数 sporangia）

产生孢子的小型囊袋状结构。

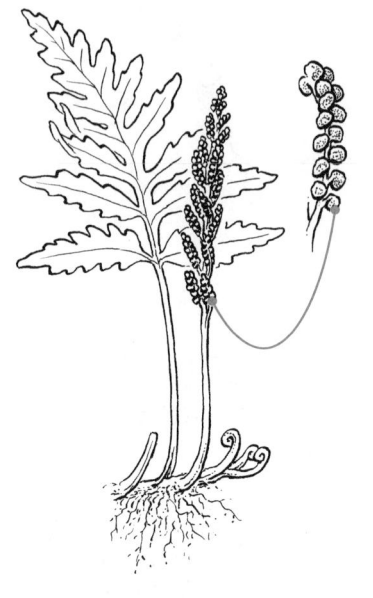

spore 孢子

繁殖器官，有胚植物生活史中配子体阶段的第一个细胞，通常是肉眼不可见的单细胞。

sporophyll 孢子叶

生长有孢子囊的特化叶，例如球花和球果中的鳞片、雄蕊和心皮。

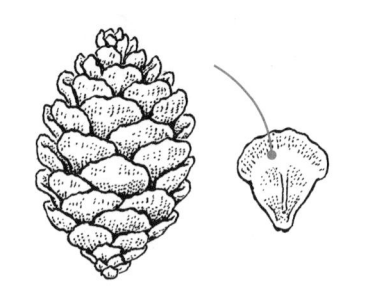

sporophyte 孢子体

植物生活史中具有两套染色体的阶段（亦即二倍体世代），经减数分裂产生孢子。在维管植物中，孢子体世代的体型和存在时间都占优势，使之成为最显著的世代。常见的花草树木以及蕨类，都是孢子体。

对应词：gametophyte（配子体）。

sport 芽变

形态特征与植物体其他部分都不同的枝条，来自一个突变的芽。

spp.

缩写，写在属名后面，表示多个种（复数）。

spring ephemeral 早春短命的

指植物生长、开花、结果、死亡的全部过程发生在仲夏之前。

sprout

1. 幼芽。2. 发出新芽。

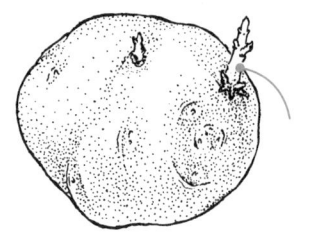

spur

1. 距，由花萼或花冠特化形成的中空、末端封闭的管道，内部常有花蜜。例如堇菜属。2. 短枝，节间高度缩短的枝条，通常生有叶片和繁殖器官，如银杏和苹果。

1 的同义词：calcar。

2 的同义词：brachyplast，short shoot。

2 的反义词：long shoot（长枝）。

spurred 具距的

生有距的。

同义词：calcarate。

squam-

前缀，表示"鳞"。

squamose, squamate

具鳞的，表面被鳞片覆盖的。

stalk 柄，梗

支持器官的结构，比如支撑花的叫花梗或花序梗，支撑叶的叫叶柄。通常比被支持的器官细。

stamen 雄蕊

花中的雄性生殖器官，由花丝（柄）和包含花粉的花药组成，是第三轮花器官，也是特化的小孢子叶。

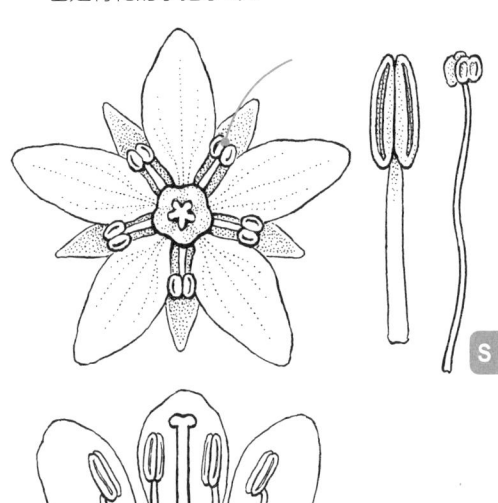

S

staminate 雄花

只有雄性生殖器官（雄蕊）而没有磁性生殖器官（雌蕊）的花。

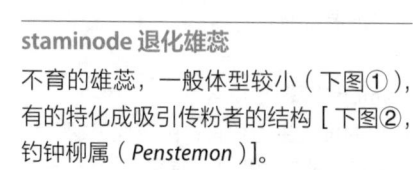

staminode 退化雄蕊

不育的雄蕊，一般体型较小（下图①），有的特化成吸引传粉者的结构［下图②，钓钟柳属（*Penstemon*）］。

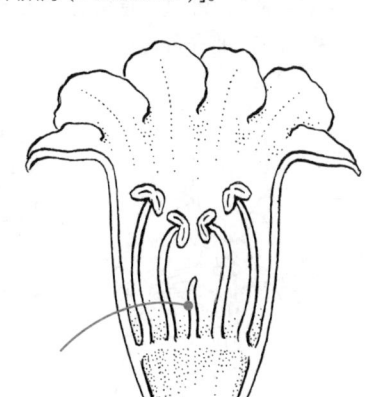

①

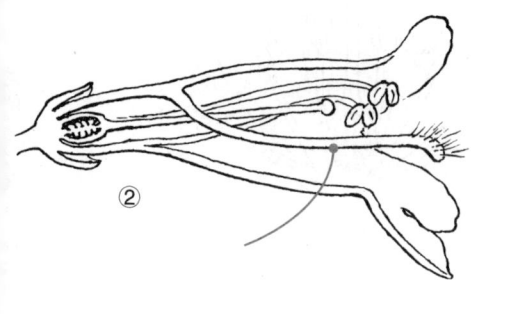

②

standard 立瓣，旗瓣

1. 立瓣，鸢尾属植物的 3 枚直立的内轮花被片，另见垂瓣（fall）。2. 旗瓣，豆科植物的蝶形花冠中位于上方的、通常也是最大的一枚花瓣。例：山黧豆属，羽扇豆属。

同义词：banner，vexillum。

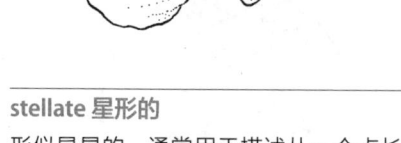

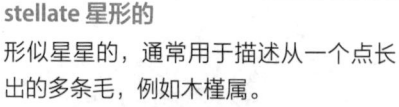

stellate 星形的

形似星星的，通常用于描述从一个点长出的多条毛，例如木槿属。

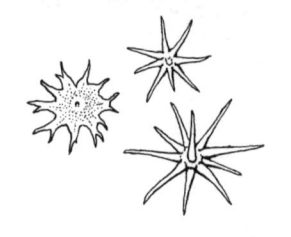

stem 茎

植物的一大器官，起支撑植物体和输送水分营养的作用。茎上有节，节上长叶。通常位于地面以上，但也有地下的。

sterile 不育的

1. 不在繁殖期的，亦即没有开花或结果的。2. 无法进行有性繁殖的，例如球子蕨的营养叶，或绣球属（*Hydrangea*）植物花序中用于吸引传粉者的展示花。

2 的同义词：*infertile*。

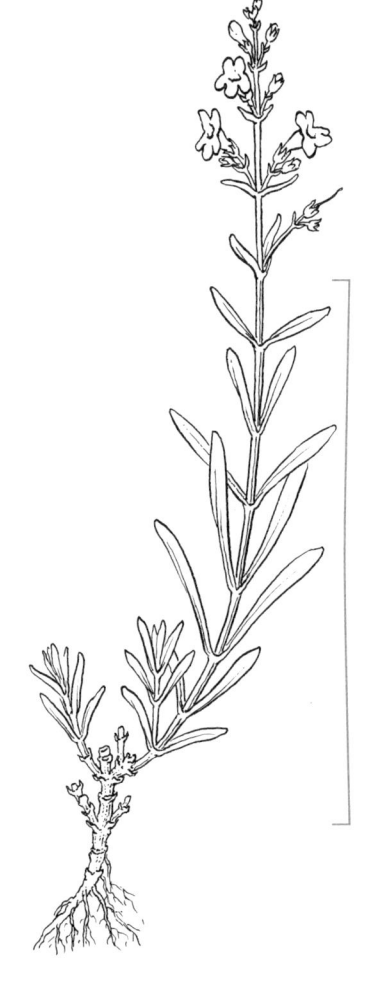

sticktight 鬼针草

鬼针草属（*Bidens*）植物，或特指其能够挂在衣服和毛发上的果实。

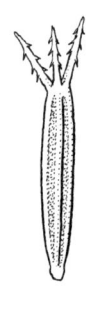

S

stigma 柱头

雌蕊中位于最上方的结构，用于接受花粉。

stilt root 支柱根

由主干下方生出的不定根，用于支撑植株。

同义词：anchor root，brace root，prop root。

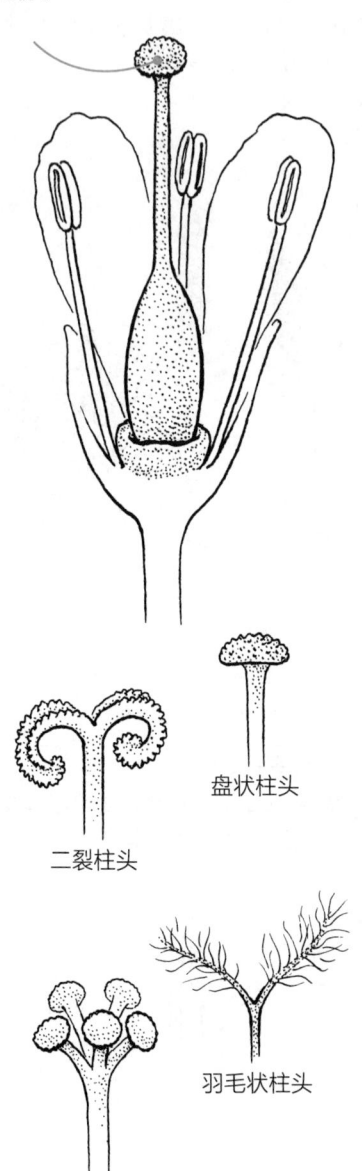

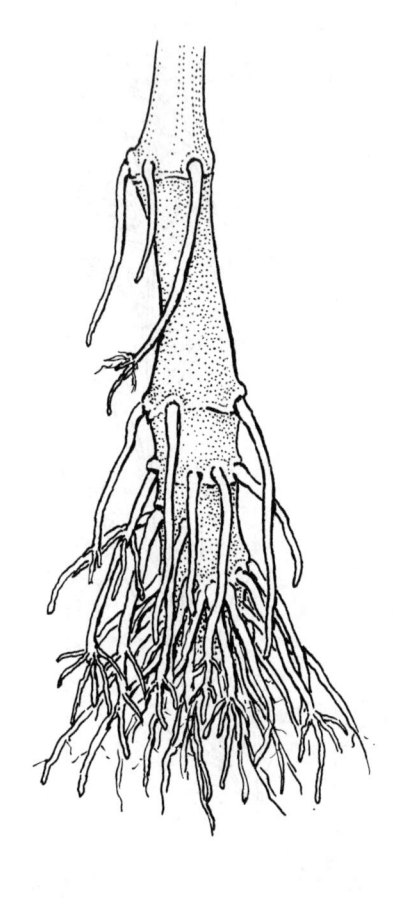

盘状柱头

二裂柱头

羽毛状柱头

多裂柱头

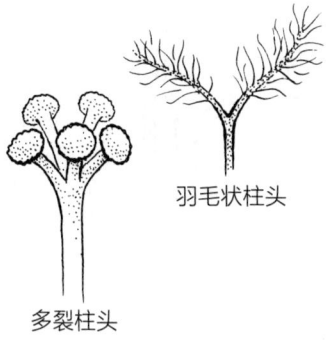

stipe

1. 叶柄，特指真蕨类植物的叶柄，与种子植物的叶柄（petiole）等价。2. 花粉块柄，在兰科植物的花中，连接花粉块和黏盘的结构。

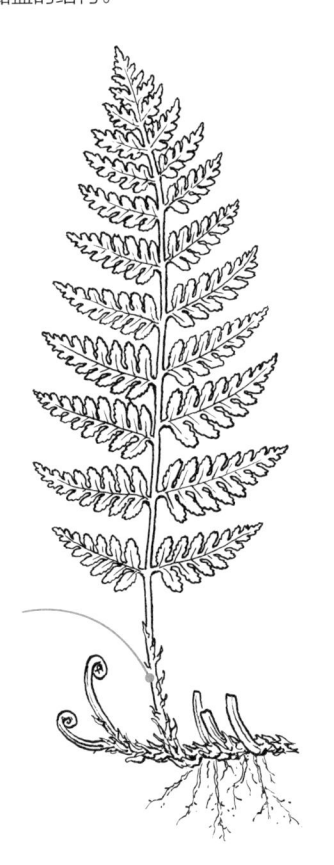

stipular 托叶痕

托叶脱落后在茎上留下的痕迹。例如木兰科的环状托叶痕。

stipulate 具托叶的

生有托叶的。

stipule 托叶

叶柄基部和 / 或节上生长的叶状或刺状结构。

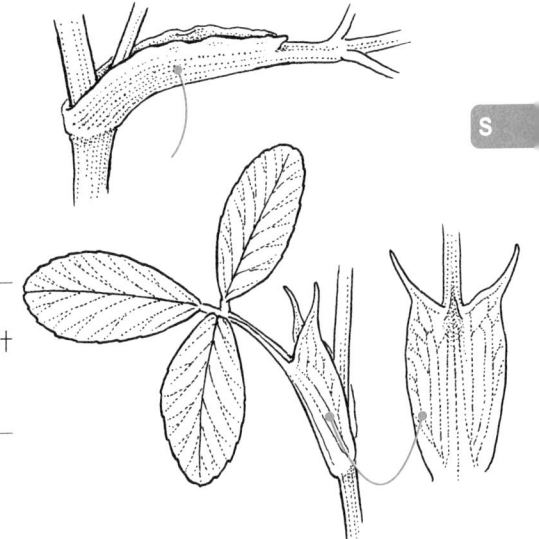

S

stipel 小托叶

生于复叶中的小叶，或小叶柄基部的叶状，或刺状结构。

stipellate 具小托叶的

生有小托叶的。

stolon 走茎，细匍茎

在地面水平匍匐生长的茎，节上和顶端均生不定根和叶，可用于营养繁殖。例如草莓属。

同义词：runner。

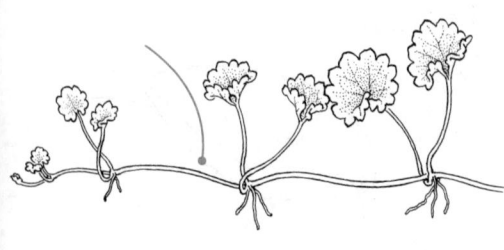

---

stoloniferous 具走茎的

生有走茎的。

---

stone 核

特指核果包含种子的硬质内果皮。例如桃和樱桃的核。

stony fruit 核果

具有硬质内果皮的肉质核果。

同义词：drupe。

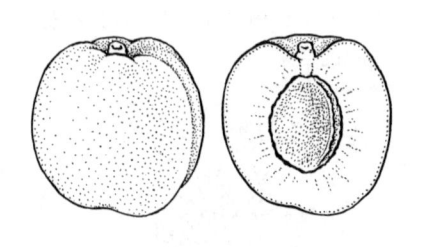

---

strap 舌片

菊科植物边花的窄而长的合生花冠裂片。

---

striate 具条纹的

具有条纹、脊或者槽。

---

strobilus 孢子叶球，球果，球花，球穗花序（复数 strobili）

像球果一样，由生有孢子、花粉、胚珠或种子的孢子叶（见于裸子植物和一些石松类植物）或花和苞片［见于被子植物，如图示的啤酒花（*Humulus lupulus*）］螺旋状着生在一条中轴上形成的圆柱形或球形结构。

style 花柱

雌蕊中位于柱头和子房之间的部分。

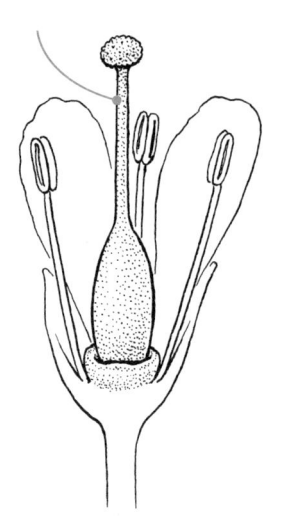

style arm, style branch 花柱分支

花柱的一条分支，通常具有自己的柱头。

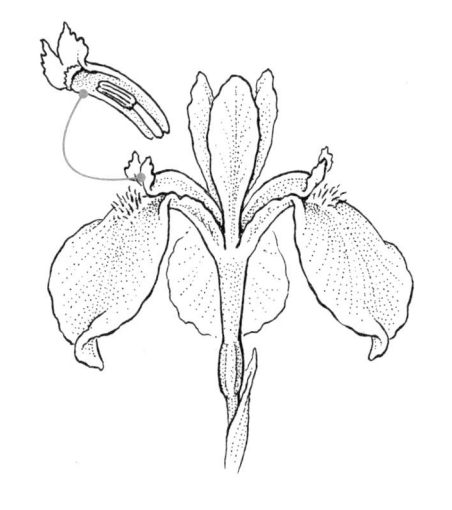

stylopodium 花柱基

伞形科植物花柱基部的盘状膨大部分。

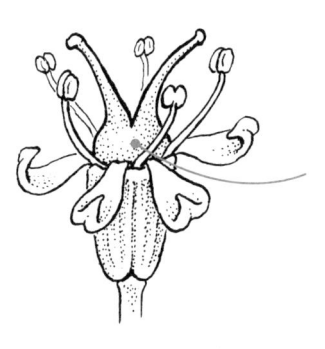

sub-

前缀，表示：1. 近于，几乎是，不完全的；2. 位于……之下。

subfamily 亚科

次要分类阶元，位于科以下，属以上。植物亚科学名的后缀是 "-oideae"。

submersed, submerged 沉水的

完全生于水面以下的。

反义词：emersed（出水的）。

subshrub 亚灌木，半灌木

小的灌木，或有点像灌木的多年生草本植物。

subspecies 亚种

次要分类阶元，位于种以下。通常具有特定分布区的个体或居群，有一定的形态分化，不应被视为一个独特的物种。另见 variety（变种）。

S

subtend 包着

位于某个器官之下且包裹之。例如木槿属的副萼包着花。

subterranean 地下的

位于地面以下的。

subulate 钻形的

狭窄的铲子形状，或者比较宽的针状。

succulent

1. 贮水的，储藏水分的肉质结构。2. 多肉的，叶和 / 或茎具有肉质贮水组织的植物，例如燕子掌（*Crassula ovata*）、仙人掌科和大戟属的一些种类。

sucker 根出条

从植株基部长出的枝条，通常指从地面以下长出的。

suffrutex 半灌木

尤其指基部木质而上部草质的植物。

summer annual 夏季一年生的

指植物生长、开花、结果、死亡的全部过程发生在春季到初夏这一时段。另见 winter annual（冬季二年生的）。

summer-bearing 夏季结果的

特指悬钩子属的一些种类的二年生枝条在其生长期的第二年 [称为次年开花茎（floricane）] 夏天开花结果。另见 fall-bearing（秋季结果的）。

super-

前缀，表示"在其他之上的"或"超常的"。

superior ovary 上位子房

雌蕊群的着生位置高于其他花器官（花萼、花冠和雄蕊）。本质上是花被片完全不与子房壁合生。

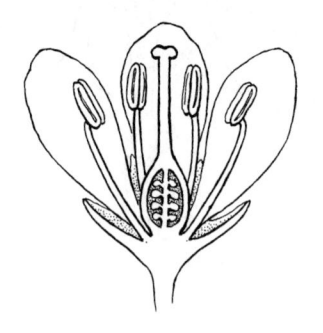

surculose 具根出条的
生有基部分枝或根出条的。

suture 缝线
果实或花药开裂的位置。

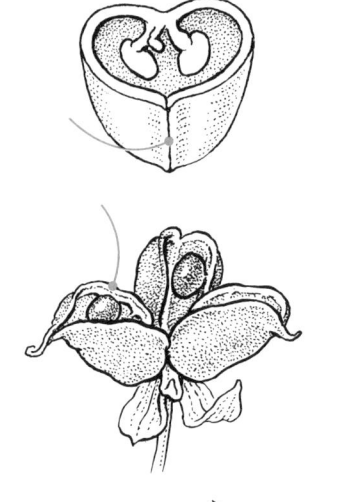

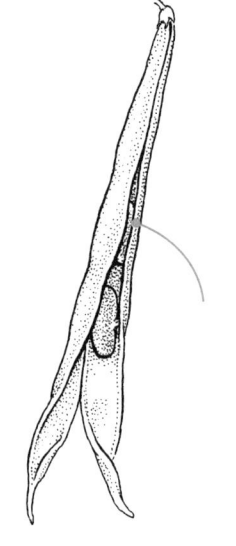

syconium 隐头果（复数 syconia）
榕属（*Ficus*）植物的聚花果，由向内凹陷成中空坛状的宽大花序托成熟后形成，只有一个开口，内部是若干枚瘦果。［译者注：隐头果由隐头花序（hypanthodium）发育而成。］

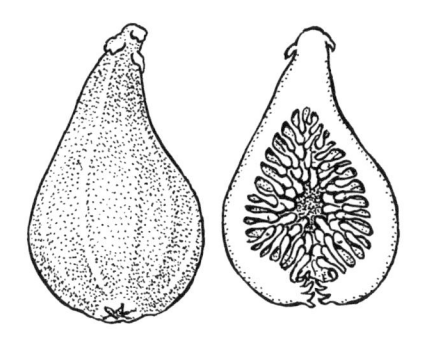

sym-
前缀，表示"融合的"。

symbiosis 共生
描述两种生物的生活史交织在一起乃至紧挨在一起生活，且对双方都有好处的［即互利共生的（mutualistic）］物种间关系。

sympatric 同域分布的
生存在同一地区，指两个物种分布区重叠。
反义词：allopatric（异域分布的）。

sympetalous 合瓣的
花冠至少部分合生的。
同义词：gamopetalous。

S

sympodial 合轴的

一种分枝方式，主轴由一系列的茎段合成，这些茎段并非来自顶芽，而是在顶芽停止发育或变成花之后由其下方的侧芽继续生长而形成。通常用于描述花序，也用于描述诸如某些兰科植物的营养生长。另见 monopodial（单轴的）。

（译者注：原文对合轴分枝的理解有误，所配兰科植物图并不是合轴分枝的。）

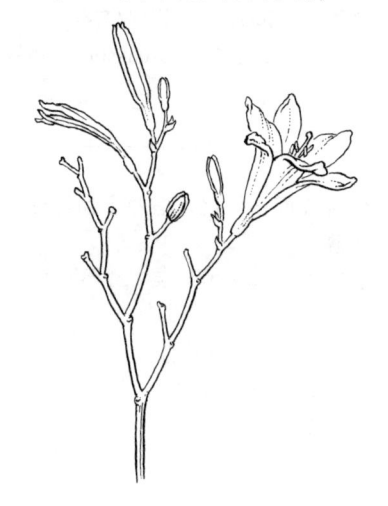

syn-

前缀，表示"融合的"。

synandrous 聚药的

指菊科植物雄蕊花药合生的状态。

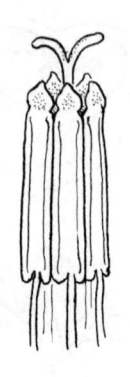

syncarp 聚花果

由整个花序发育而成的假果，肉质或干燥。例：枫香。

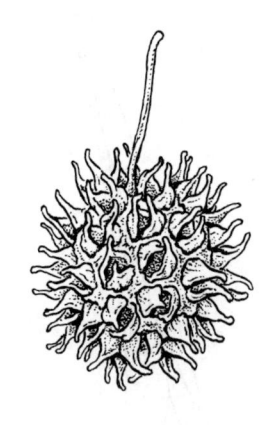

syncarpous 合生心皮的

雌蕊群由 2 枚及以上的心皮合生形成。

反义词：离生心皮的 apocarpous。

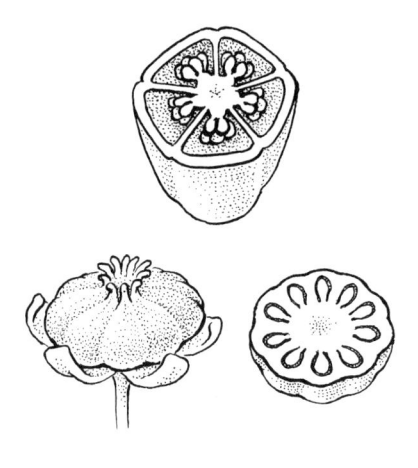

synsepalous 花萼合生的

具有完全合生或至少部分合生的花萼。

同义词：gamosepalous。

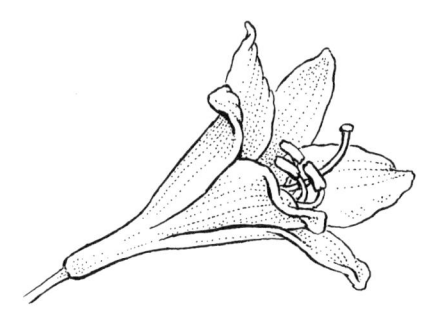

（译者注：配图有误，萱草的花被片不分化为花萼和花冠，因此通常也不被描述为花萼合生，而是花被片合生。真正的花萼合生是豆科、唇形科之类的植物。）

T

taproot 直根

根系的一种，主根的直径远大于侧根。

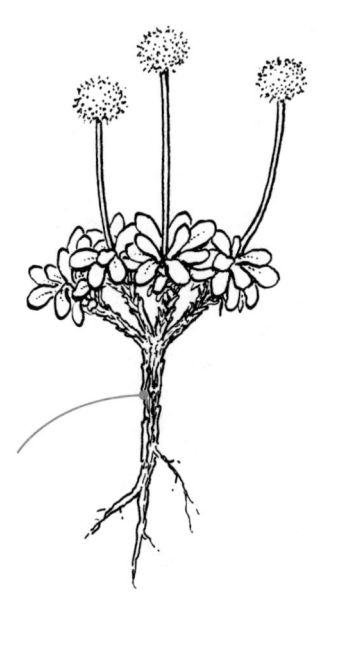

tassel 雄穗

玉米植株顶端的雄花序。

taxon 分类群（复数 taxa）

任何一种分类阶元，诸如亚种、种、属、科或目，便于指代一个特定阶元内的实体数量，比如说，一个属之下的分类群数量包括全部的种、亚种和变种。

tendril 卷须

变态成卷须状的茎、叶或小叶，能卷在支撑物上帮助植物向上攀爬。

tepal 花被片

未分化为花萼和花冠的花被片，例如水仙属和萱草属（*Hemerocallis*）。

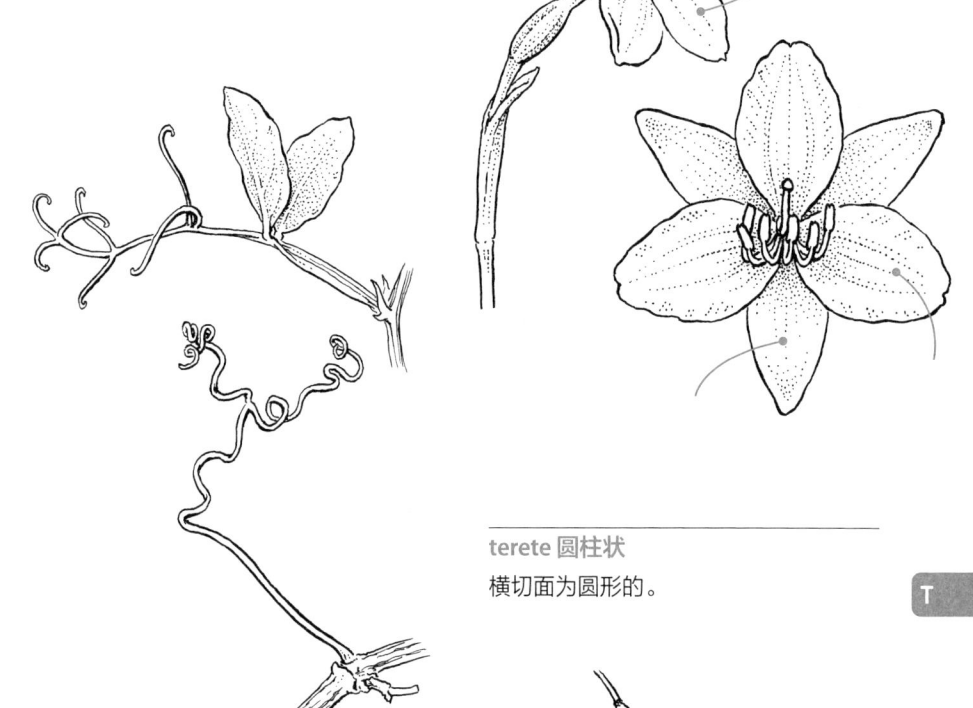

terete 圆柱状

横切面为圆形的。

terminal 顶生的

位于顶端的，用于描述复叶中的小叶或花序。

terminal bud 顶芽

位于茎顶的芽，在多数木本植物中和茎的伸长有关。

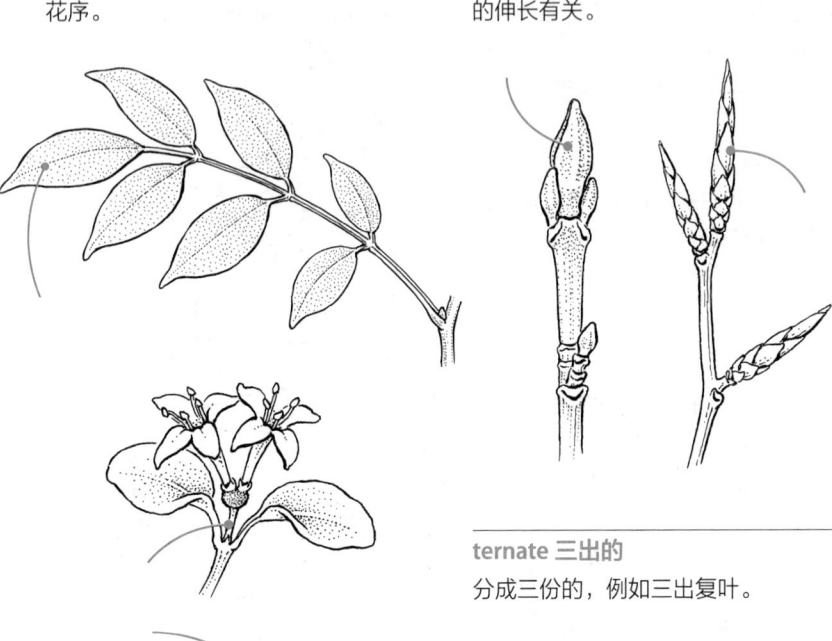

ternate 三出的

分成三份的，例如三出复叶。

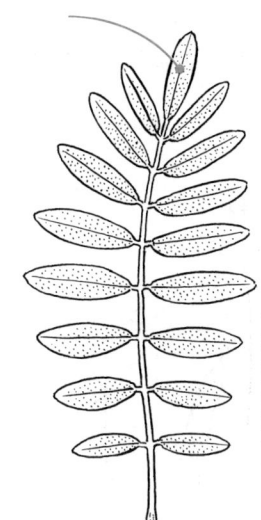

terrestrial 陆生的

生长在陆地上的，非水生的。

testa 种皮

包裹种子的组织，由珠被发育而成。
同义词：seed coat。

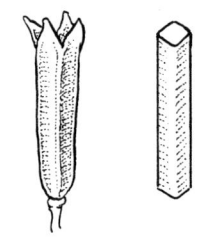

tetra-

前缀，表示"4"。

tetradynamous 四强雄蕊的

具有 6 枚雄蕊，其中 4 枚长，2 枚短。是
十字花科特有的雄蕊式样。

**tetragonal，tetrangular 四棱的，四
角的**

具有 4 条棱的，如唇形科（Lamiaceae）
大多数种类的嫩茎。

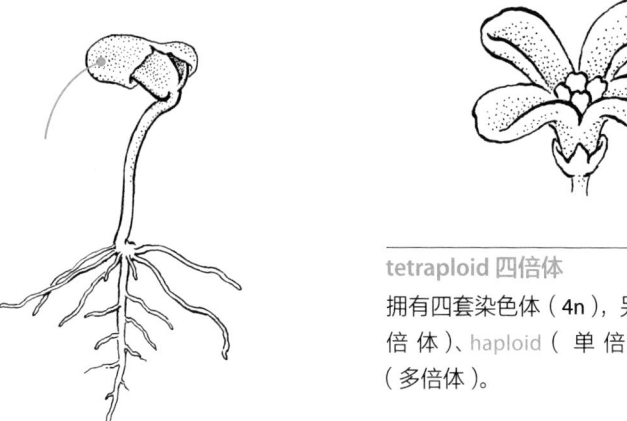

tetramerous 四基数的

花器官的数量是 4 的倍数。

tetraploid 四倍体

拥有四套染色体（4n），另见 diploid（二
倍体）、haploid（单倍体）、polyploid
（多倍体）。

thallus 原植体（复数 thalli）

没有根茎叶分化的简单植物体。

theca 药室（复数 thecae）

花药中包含花粉的腔室，每个花药通常
有两个，也作花粉囊。
同义词：anther sac。

thigmotropism 向触性

植物对触碰产生反应，或向触碰方向生
长的特性。

thorn 枝刺

由枝条特化而成的尖锐器官。

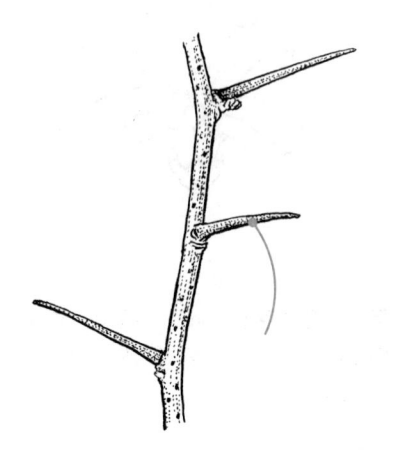

throat 喉部

合瓣花冠中花冠管和冠檐部结合的内侧位置，通过这里可以看见花冠管的内部。

thyrse 聚伞圆锥花序

复合花序结构，初级为总状花序状，次级为聚伞花序。

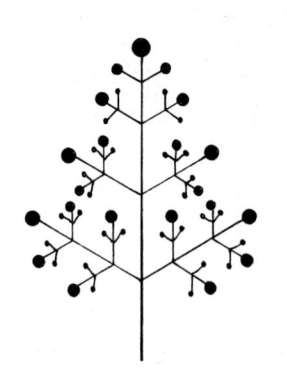

tiller 分蘖

禾本科植物特有的分枝方式，由短缩而多分枝的根状茎的节向上生长出垂直的茎。

tillering 分蘖分株

禾本科植物营养繁殖的方法，把一个分蘖的植株从根状茎处切割成多个克隆植株。

tissue 组织

具有某种特定功能的一群细胞。

tissue culture 组织培养

在无菌环境下把来自母体植物的一小块组织培养成完整植株的营养繁殖方法。新植株是母体的克隆植株。

tomentose 被绒毛的

表面被短的绒毛覆盖。

tooth 齿

边缘上的锯齿或牙齿的统称。

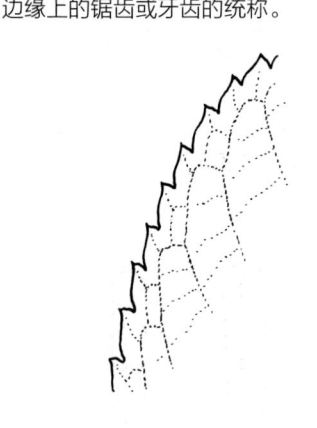

top 打顶
在园艺学中指切除植物的顶端部分。

torus 花托
所有花器官着生的地方。
同义词：receptacle。

trailing 蔓生的
茎在地面水平生长，但不生根。

translator, translator arm 花粉块柄
在马利筋属（*Asclepias*）植物的花粉器中，连接来自两个不同花药的花粉块的纤细结构。

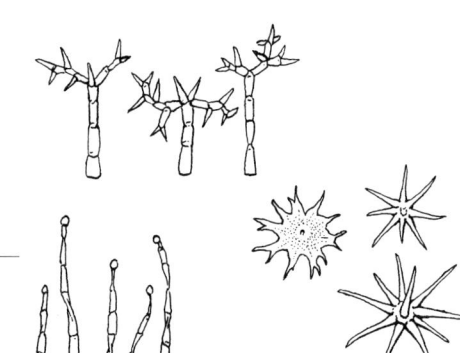

transplant 移栽
把植物从一处移动到另一处种植。

transverse 横向的，纬向的
与主轴垂直的。
同义词：latitudinal。

tree 乔木
具有明显主干的高大木本植物，通常比灌木高。

treelet
小乔木。

tri-
前缀，表示"3"。

tribe 族
次要分类阶元，介于科（或亚科）和属之间。植物的族的学名后缀是"-eae"。

tricarpelate 三心皮的
具有 3 枚心皮的。

trichome 毛状物
表皮上的毛状凸起物，既有单细胞的也有多细胞的。

T

trifid 三半裂的
裂成三部分的，深度达到边缘至中轴的一半附近。

trifoliate 三叶的

具有 3 片叶子的，也常指复叶具有 3 枚小叶的（trifoliolate）。

trifoliolate 三小叶的

复叶具有 3 枚小叶的。

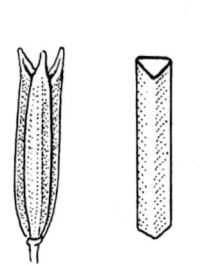

trilobate 三浅裂的

具有 3 枚较浅裂片的。

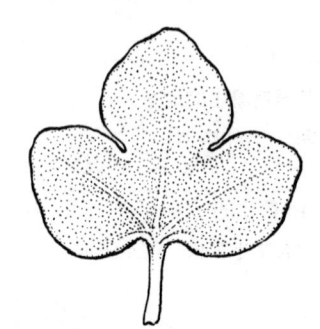

trilocular 三室的

子房或果实具有 3 个室。

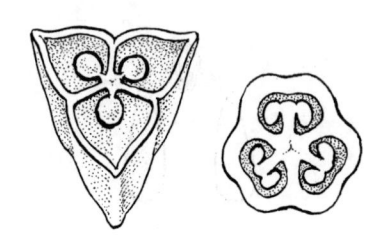

trigonous 三棱型的

茎有 3 条棱，横截面为三角形的，例如莎草科。

trimerous 三基数的

花部器官的数量是 3 的倍数。

tripartite 三深裂的

具有 3 枚裂片，深度几达中轴或基部的。

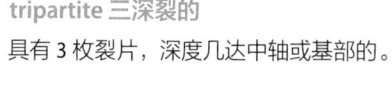

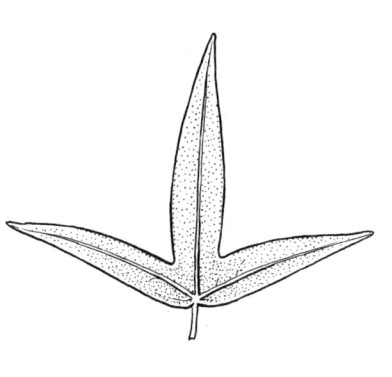

tropism 向性

向着某种资源或刺激的方向生长或变化的特性。

truncate 截形的，平截的

顶部或基部平截，像被沿着与中轴垂直的方向切过。

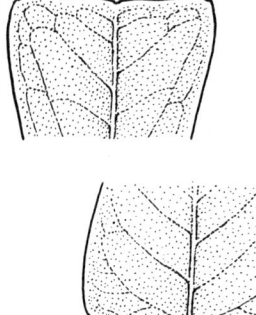

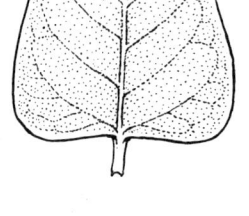

trunk 树干

树的主干或主轴，特指从根到最低的分枝之间的这一段。

同义词：bole。

truss 花束

在园艺学中指一束花或一个花序。

tuber 块茎

肥厚的地下茎，具有节和节间，主要以淀粉的形式储存营养。这个词有时也指形似块茎的真正的根。

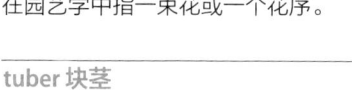

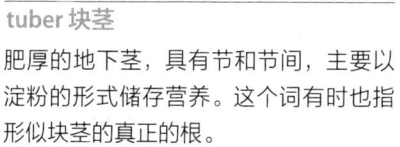

T

tubercle 小瘤

形似小块茎的瘤状突起物，例如一些莎草科植物瘦果上残留的花柱基部。

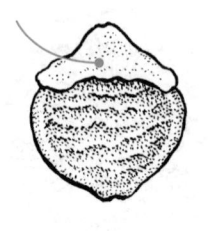

tubular 管状的

圆柱形而中空的。

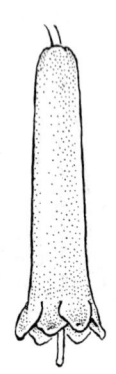

tuberous roots 块根

与块茎形似的、肥厚的根，主要以淀粉的形式储存营养。

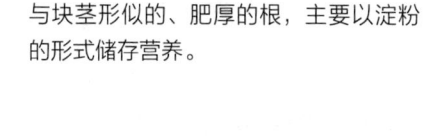

tufted 簇生的

呈现密集的小丛状。

tunicate 具膜被的

具有多层同心排列的结构，例如葱属的鳞茎。

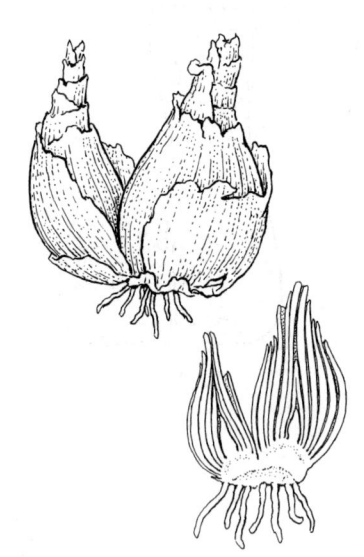

turbinate 陀螺状的

形似陀螺的，如狗木的花蕾。

---

turgid 膨胀的

肿胀的，肥大的，通常因为充满水分所致。

---

turion 沉水越冬芽

水生植物的一种营养繁殖体，沉到水底以越过严冬，待到条件合适时再萌发。

---

tussock 高草丛

由禾草形成的比周围植物高的草丛，比如草坪上一丛比较高的簇生禾草。

---

twig 小枝

小而稍微纤细的木质枝条。

---

twining 缠绕的

茎绕在其他物体上以获得支撑。

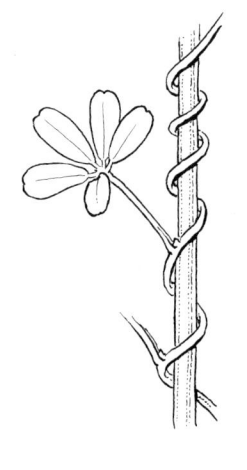

two-ranked 二列的

在中轴两侧排列成相对的两列，如叶在茎上或花在花序上的排列方式，令整个枝条或花序看起来像一个平面。

同义词：distichous。

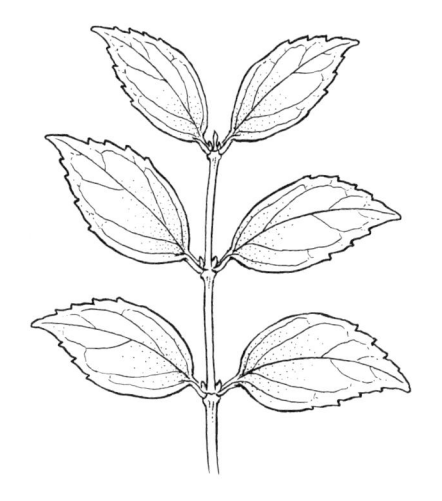

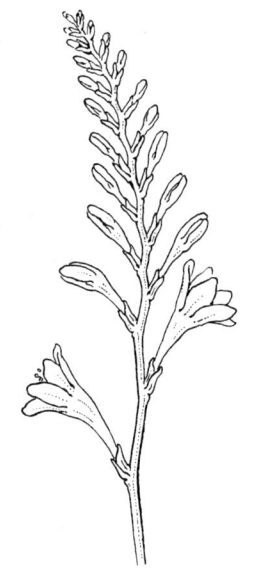

T

U

ubiquitous 世界分布的
分布于全世界，或近乎全世界。
同义词：cosmopolitan。

umbel 伞形花序
无限花序的一种，具柄的花或花序分枝
从一点上发出，末端形成球面或平面。
包括单伞形花序（不分枝的）或复伞形
花序（分枝的）。图中包括单伞形花序
的流星花属（*Dodecatheon*）和葱属，
以及复伞形花序的野胡萝卜（*Daucus
carota*）。

umbo 鳞脐
部分裸子植物球果种鳞（大孢子叶）外
侧的凸起物。

unarmed 无刺的
没有皮刺、叶刺或枝刺的。

uncinate 具钩的
顶端有钩的，如某些卷须和叶片。

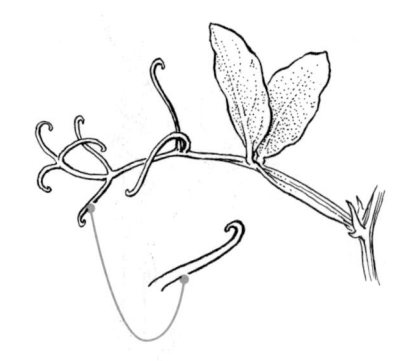

undulate 浅波状的

边缘或表面呈浅的波浪状弯曲。

同义词：repand。

unilocular 单室的

子房或果实内部只有一个室的。

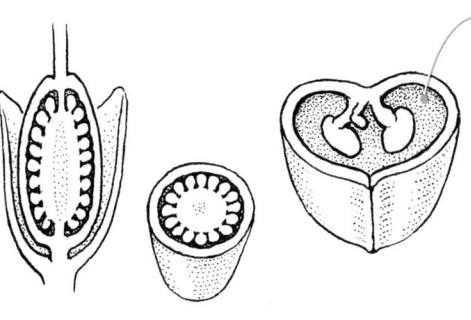

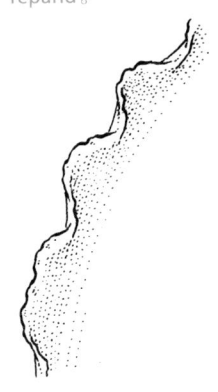

unguiculate

具爪的。

uniseriate 单列的

排列成一行的。

uni-

前缀，表示"1"。

unisexual 单性的

只有雄性或雌性繁殖器官的。

unicarpellate, unicarpellous 单心皮的

只有一个心皮。

urceolate 坛状的

形似水缸的，中空而口部缢缩的。

unifoliate 单叶的

只有一枚叶的。

unifoliolate 单小叶的

复叶退化到只剩一枚小叶，看起来像单叶。如柑橘属。

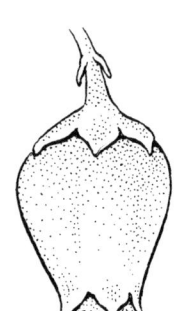

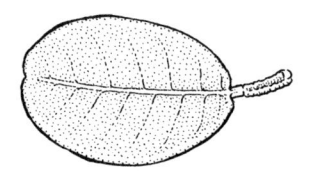

valvate

1. 镊合状的，花瓣或萼片在花蕾的边缘彼此挨着，但并不重叠。
2. 瓣裂的，描述蒴果或花药。

valve 裂爿

裂果的一瓣，开裂时和其他瓣分开。

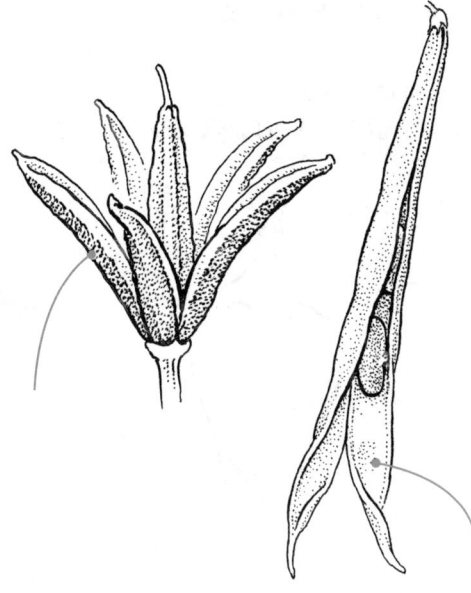

variegated 杂斑的

正常只有一种固定颜色（如绿色）的器官产生多种颜色的现象。通常用于描述叶子或整株植物，如鞘蕊花属（*Solenostemon*）。

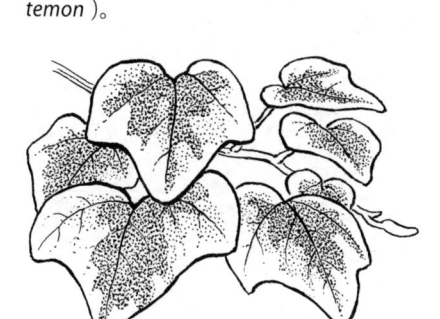

［译者注：图为常春藤属（*Hedera*）。］

variety 变种

种下分类阶元，指具有稳定而较微小的变异特征（如花色），与该物种的典型性状有轻度差异的个体或居群。另见 subspecies（亚种）。

vascular bundle 维管束

致密的输导组织。木本植物的叶片脱落后留在茎上的叶痕中可以看见维管束的痕迹。

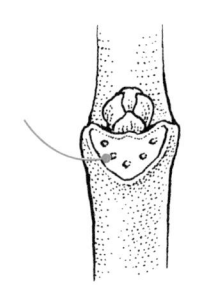

（译者注：配图错误，该图为叶痕。）

vascular tissue 维管组织

疏松营养和水分的组织，广泛存在于种子植物、蕨类和石松类植物体内各处。

vegetative 营养的

不涉及有性生殖的植物器官，如根、茎、叶。

vein 脉

叶或其他叶状器官如苞片、萼片、花瓣和托叶中的维管组织，分支或不分支。同义词：nerve。

velamen 根被

附生兰科植物的气生根的海绵质的、用于吸收水分的表皮结构。

velutinous 被短绒毛的

表面覆盖短而软的绒毛。

venation 脉序

叶片或萼片、花瓣等叶状器官中维管组织的排列方式。

ventral 腹面的

与轴有关的器官中靠近轴的一面。反义词：dorsal（背面的）。

ventricose 一侧膨胀的

只在器官的一侧膨胀，通常位于中部。

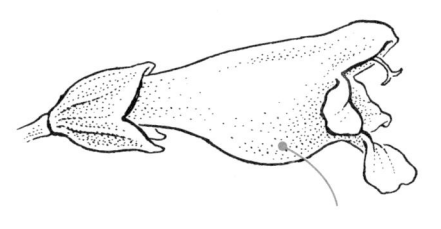

vernal 春季的

例如植物春季开花。

vernation 幼叶卷叠式

叶在芽里的排列方式。同义词：ptyxis。另见 aestivation（花被卷叠式）。

versatile 丁字着的

花丝在花药上的着生部位位于花药中部。另见 basifixed（基着的），dorsifixed（背着的）。同义词：medifixed。

V

verticil 轮

围绕一个中轴的多层环形结构中的一环，比如说轮状排列的花器官，包括花萼、花冠、雄蕊群和雌蕊群。

同义词：whorl。

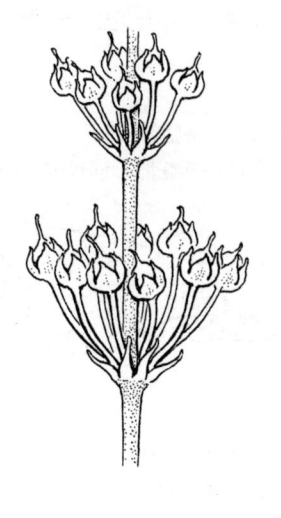

verticillaster 轮伞花序

花序轴极度缩短的聚伞花序对生在一段茎顶的若干节上，形成假轮生状的花序构造，见于唇形科。

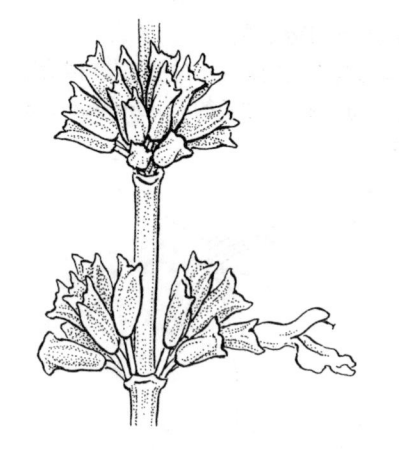

verticillate 轮生的

1. 每个节上生有三枚及以上的叶。

2. 围绕一个中轴形成多层环形结构。

同义词：whorled。

vestigial 发育不全的

体型较小而无功能的。例如某些花中没有繁殖功能的退化雄蕊（staminode）。

同义词：obsolete，rudimentary。

vestiture 表被

植物体表覆盖层的总称。

vexillum 旗瓣

豆科植物的蝶形花冠中位于上方的、通常也是最大的一枚花瓣。例：山黧豆属，羽扇豆属。

同义词：banner，standard。

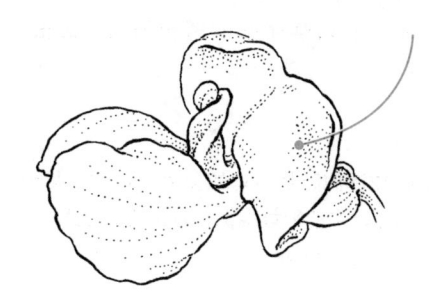

viable 有活力的

能够生长和繁殖的，比如说种子能萌发并长成幼苗。

villous 具长柔毛的
表面覆盖有长而柔软蓬松的毛。

vine 藤本植物
草质藤本。

viscidium 黏盘
兰科植物花粉块上由花粉块柄连接的黏性结构，可以粘在传粉者身上实现传粉功能。

vitreous 透明的
质地似玻璃的。

viviparous 胎生的
繁殖体在母体植株身上即生根发芽。例如种子在离开母体前即萌发（见于红树植物，如海榄雌属和红树属），或珠芽在母体上长成小植株［通常是在叶子上，如睡莲属（*Nymphaea*）某些种］。

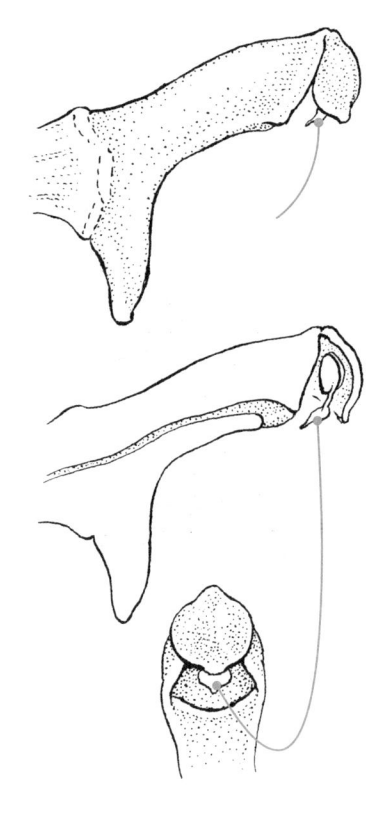

［译者注：配图为落地生根（*Bryophyllum Pinnatum*）。］

V

W

weed 杂草

在人们不希望其生长的地方长出来并且很难清除的植物，通常用于栽培或人为干扰强烈的环境。

weeping （枝条）低垂的

枝条柔软下垂的，如垂柳（*Salix babilonica*）。

whorl 轮

围绕一个中轴的多层环形结构中的一环，比如说轮状排列的花器官，包括花萼、花冠、雄蕊群和雌蕊群。

同义词：verticil。

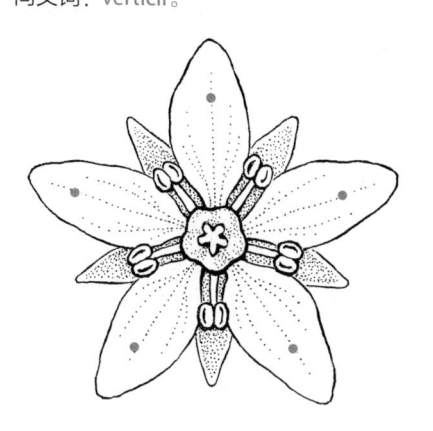

whorled 轮生的

1. 每个节上生有三枚及以上的叶。
2. 围绕一个中轴形成多层环形结构。

同义词：verticillate。

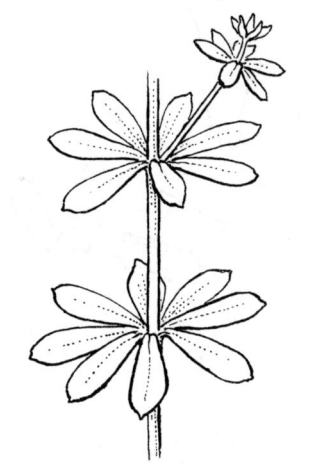

wing

1. 翅，器官边缘延展出来的扁平组织，如茎、叶轴或果实的翅。

2. 翼瓣，豆科蝶形花亚科植物的花冠中位于两侧的两枚花瓣。

winter bud 冬芽

植物的休眠芽，外部被鳞片包裹，以防霜冻伤害。

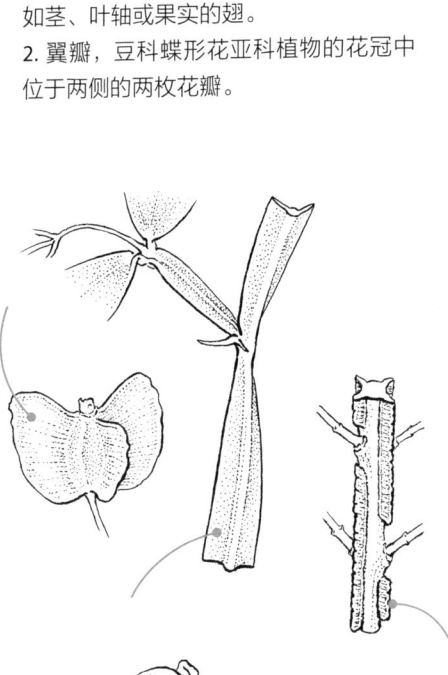

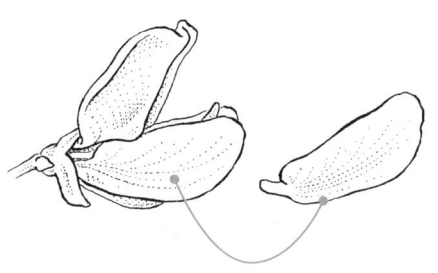

winter annual 冬季二年生的

指植物生长、开花、结果、死亡的全部过程发生在初秋到暮春这一时段。另见 summer annual（夏季一年生的）。

× 杂交符号

在命名时表示杂交起源。写在属名前时，表示跨属杂交 [如 x *Heucherella*，是虎耳草科矾根属（*Heuchera*）和黄水枝属（*Tiarella*）的杂交后代]；或写在属名和种加词之间，表示种间杂交 [如异色淫羊藿（*Epimedium* × *versicolor*）。]

xanthophyll 叶黄素

主要存在于植物叶片中的黄色素，脂溶性。

xeric 干旱的

指干旱缺水的地区，如沙漠。

xero-

前缀，表示"干旱的"。

xerophyte 旱生植物

适应水分条件极低的环境的植物。另见 hydrophyte（水生植物），mesophyte（中生植物）。

x.s. 横切面

反义词：l.s.（纵切面）。

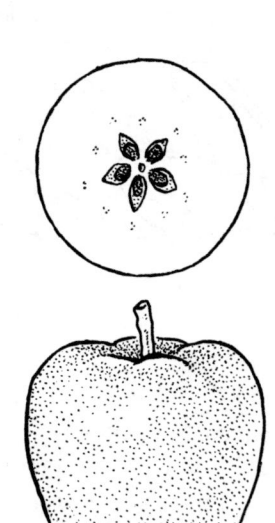

Z

zoophilous 动物传粉的

由动物，尤其是昆虫传粉的植物。

zygomorphic 左右对称的

花朵只有一个对称面，沿着中间画一条线，可以把花冠分成左右两个镜像的部分。

同义词：bilaterally symmetrical（两侧对称的），irregular（不整齐的）。

反义词：actinomorphic，radially symmetrical（辐射对称的），regular（整齐的）。

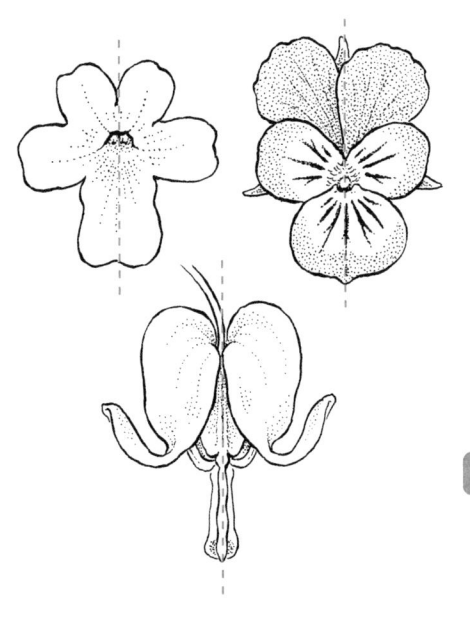

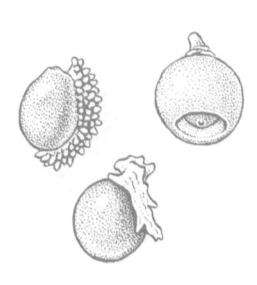

推荐阅读

Bebbington, Anne L. D. 2015. *Understanding the Flowering Plants: A Practical Guide for Botanical Illustrators.* The Crowood Press, Marlborough, U.K.

Beentje, Henk. 2010. *The Kew Plant Glossary: An Illustrated Dictionary of Plant Terms.* Royal Botanic Gardens, Kew, London, U.K.

Bell, Adrian D. 2008. *Plant Form: An Illustrated Guide to Flowering Plant Morphology.* Timber Press, Portland, Ore.

Castner, James L. 2004. *Photographic Atlas of Botany and Guide to Plant Identification.* Feline Press, Gainesville, Fla.

Ellis, Beth, Douglas C. Daly, Leo J. Hickey, John D. Mitchell, Kirk R. Johnson, Peter Wilf, and Scott L. Wing. 2009. *Manual of Leaf Architecture.* Comstock Publishing Associates, an imprint of Cornell University Press, Ithaca, N.Y.

Gough, Robert. E. 1993. *Glossary of Vital Terms for the Home Gardener.* Food Products Press, an imprint of The Haworth Press, Inc., Binghamton, N.Y.

Harris, James G., and Melinda Woolf Harris. 2001. *Plant Identification Terminology: An Illustrated Glossary*, 2nd ed. Spring Lake Publishing, Spring Lake, Utah.

Hickey, Michael, and Clive King. 2001. *The Cambridge Illustrated Glossary of Botanical Terms*. Cambridge University Press, Cambridge, U.K.

Horticultural Research Institute. 1971. *A Technical Glossary of Horticultural and Landscape Terminology*. Pennsylvania State University, Department of Landscape Architecture, University Park, Pa.

Mabberley, David J. 2008. *Mabberley's Plant-book: A Portable Dictionary of Plants, Their Classifications, and Uses*, 3rd ed. Cambridge University Press, Cambridge, U.K.

Swartz, Delbert. 1971. *Collegiate Dictionary of Botany*. The Ronald Press Company, New York, N.Y.

Zomlefer, Wendy B. 1994. *Guide to Flowering Plant Families*. The University of North Carolina Press, Chapel Hill.

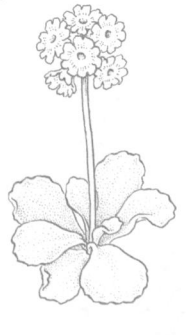

植物科、属、种学名对照表

科

报春花科 Primulaceae

唇形科 Lamiaceae

大戟科 Euphorbiaceae

豆科 Fabaceae

杜鹃花科 Ericaceae

禾本科 Poaceae

葫芦科 Cucurbitaceae

夹竹桃科 Apocynaceae

菊科 Asteraceae

卷柏科 Selaginellaceae

爵床科 Acanthaceae

兰科 Orchidaceae

蓼科 Polygonaceae

牻牛儿苗科 Geraniaceae

毛茛科 Ranunculaceae

木兰科 Magnoliaceae

木贼科 Equisetaceae

伞形科 Apiaceae

莎草科 Cyperaceae

十字花科 Brassicaceae

石竹科 Caryophyllaceae

天南星科 Araceae

仙人掌科 Cactaceae

紫草科 Boraginaceae

棕榈科 Arecaceae

亚科

杓兰亚科 Cypripedioideae

蝶形花亚科 Fabaceae subfamily
　　　Papilionoideae

马利筋亚科 Asclepiadoideae

属

桉属 *Eucalyptus*

芭蕉属 *Musa*

报春花属 *Primula*

酢浆草属 *Oxalis*

菜棕属 *Sabal*

草莓属 *Fragaria*

梣属 *Fraxinus*

常春藤属 *Hedera*

葱属 *Allium*

大戟属 *Euphobia*

帝王花属 *Protea*

杜鹃花属 *Rhododendron*

鹅掌楸属 *Liriodendron*

番薯属 *Ipomoea*

矾根属 *Heuchera*

柑橘属 *Citrus*

龟背竹属 *Monstera*

鬼针草属 *Bidens*

海榄雌属 *Avicennia*

合欢属 *Albizia*

红豆杉属 *Taxus*

红树属 *Rhizophora*

猴面包树属 *Adansonia*

虎耳草属 *Saxifraga*

桦木属 *Betula*

槐叶蘋属 *Salvinia*

黄水枝属 *Tiarella*

金鱼草属 *Antirrhinum*

堇菜属 *Viola*

卷柏属 *Selaginella*

老鹳草属 *Geranium*

梨属 *Pyrus*

李属 *Prunus*

栎属 *Quercus*

流星花属 *Dodecatheon*

马利筋属 *Asclepias*

满江红属 *Azolla*

美人蕉属 *Canna*

木槿属 *Hibiscus*

木通属 *Akebia*

苹果属 *Malus*

瓶子草属 *Sarracenia*

槭属 *Acer*

蔷薇属 *Rosa*

茄属 *Solanum*

榕属 *Ficus*

鞘蕊花属 *Solenostemon*

山黧豆属 *Lathyrus*

石斛属 *Dendrobium*

水韭属 *Isoetes*

水青冈属 *Fagus*

水仙属 *Narcissus*

松属 *Pinus*

松叶蕨属 *Psilotum*

苏铁属 *Cycas*

酸浆属 *Physalis*

铁兰属 *Tillandsia*

铁线莲属 *Clematis*

乌头属 *Aconitum*

西番莲属 *Passiflora*

相思属 *Acacia*

香青属 *Anaphalis*

绣球属 *Hydrangea*

绣线菊属 *Spiraea*

萱草属 *Hemerocallis*

悬钩子属 *Rubus*

羊蹄甲属 *Bauhinia*

银杏属 *Ginkgo*

罂粟属 *Papaver*

羽扇豆属 *Lupinus*

郁金香属 *Tulipa*

鸢尾属 *Iris*

越橘属 *Vaccinium*

钟柳属 *Penstemon*

紫堇属 *Corydalis*

紫金牛属 *Ardisia*

种

石榴 *Punica granatum*

苍耳 *Xanthium strumarium*

翅榆 *Ulmus alata*

垂柳 *Salix babilonica*

大白菜 *Brassica rapa* var. *pekinensis*

狗木 *Benthamidia florida*

毒漆藤 *Toxicodendron radicans*

鳄梨 *Persea americana*

枫香 *Liquidambar formosana*

贯叶连翘 *Hypericum perforatum*

含羞草 *Mimosa pudica*

黑胡桃 *Juglans nigra*

红花槭 *Acer rubrum*

姜 *Zingiber officinale*

荔枝 *Litchi chinensis*

两色金鸡菊 *Coreopsis tinctoria*

龙舌兰 *Agave americana*

芦荟 *Aloe vera*

落地生根 *Bryophyllum Pinnatum*

落羽杉 *Taxodium distichum*

马铃薯 *Solanum tuberosum*

木樨 *Osmanthus fragrans*

泡叶枸子 *Cotoneaster bullatus*

啤酒花 *Humulus lupulus*

苹果 *Malus* × *domestica*

菩提树 *Ficus religiosa*

球子蕨 *Onoclea sensibilis*

水晶兰 *Monotropa uniflora*

水杉 *Metasequoia glyptostroboides*

蒜 *Allium sativum*

桃子 *Prunus persica*

望天树 *Parashorea chinensis*

卫矛 *Euonymus alata*

向日葵 *Helianthus annuus*

药用蒲公英 *Taraxacum officinale*

燕子掌 *Crassula ovata*

野胡萝卜 *Daucus carota*

异色淫羊藿 *Epimedium* × *versicolor*

银杏 *Ginkgo biloba*

玉米 *Zea mays*

月光花 *Ipomoea alba*

诸葛菜 *Orychophragmus violaceus*

译后记

　　拿到这本书的时候，我回忆起了多年前被考试支配的恐惧。不知道是何时形成的惯例，但至少从我读大学时起，《植物学》这门课的考卷就是始于"名词解释"的。非独植物学，生物学的其他专业基础课考卷大抵也是如此，某种程度上强化了"学生物跟文科似的全靠死记硬背"的刻板印象。

　　三十年河东，三十年河西，现在我在高校教书，由被考的人变成了出题的人，对于"用冷僻词汇迫害学生"这件事也有了更深入的理解。任何一个学科的话语体系都是由术语，或曰专业词汇组成的；专业学习的初级阶段，就是了解这些术语的具体含义，进而能正确使用术语和同行交流，是为"入门"。从教学的角度来说，不应要求学生掌握尽可能多、尽可能全的术语，但至少应该知道遇到术语的时候去哪里查；考试的时候也不应追求冷僻来提高难度，而是考查学生对学科最基本的概念的掌握程度。大部分教科书后面都有名词索引，当善用之。

　　另一方面，在科学传播中，"名词解释"是最重要的内容之一。使用术语方便了同行之间的交流，但对非专业人士来说就如听天书。这样的壁垒阻碍了普通公众接近科学，所以科普工作者的本职就是打破它。我们常做的一个比喻是，打开科学的坚果，把里面美味的果仁呈现出来。打开坚果壳的方法很多，可以细细地嗑，也可以用锤子砸，甚至用脱壳机。后两者剥出来的果仁比较粗糙，但效率高得多，适合需要短时间内大量摄入的人。科普工作者在做二次传播的时候，也可以把这样的果仁仔细雕琢一番、包上糖衣分发出去。这就是辞书存在的意义。

我在翻译这本书的时候，一直在考虑以上两方面的需求，据此也产生了一些自己的看法。因为要对植物进行形态描述，植物的术语体系是比较庞杂的，而本书只收录了1300多个词条，所以选择词条是否合理就很重要。总的来说，本书较好地涵盖了植物学中最为基础的概念，如根茎叶的形态、一朵花的构成，等等。凭借这些术语，使用者可以无障碍地阅读一般性的植物科学表述。描述植物繁殖器官的词汇占了比较大的份额，而这些部分恰好也是观察植物的重点，这让本书显得更为实用。书中还有一些让我眼前一亮的点，比如说把水晶兰定义为菌寄生植物而不是腐生植物，这是相当新的知识了。此外，正如中文书名所示，本书中的词汇对园艺上常用的词汇有一定程度的倾斜，甚至收录了一些俗语。

虽然我现在不用考试了，但我仍然可以通过翻译来"复习巩固知识点"。实际上很多词汇在不同的资料里有不同的解释，我在本书中看到与我的记忆不符的解释时，会和其他文献交叉对比，这个过程帮助我更新了知识体系、修正了一些错误印象。同时，我也发现了一些原作者的错误，并做了修订。也就是说，本书不是百分之百照译的，而是"夹带了私货"。我可以保证这些修订没有带来新的错误，但其他词条中可能有翻译不到位的情况，望有识读者不吝指出。

最后，本书篇幅有限，面向的是初入门的植物和园艺爱好者，如果您需要更加全面系统的术语工具书，可以选择《图解植物学词典》作为进阶。翻译中得到了中国科学院植物研究所刘冰博士、东北师范大学生命科学学院孙明洲博士的指点，颇有教益，在此一并致谢。

顾　垒

2022 年 3 月

苏珊·佩尔 美国国家植物园科普部经理，她的日常工作就是向公众展示植物有多么神奇。曾经担任过布鲁克林植物园的科学主任，研究漆树科的系统演化关系。她持有植物学博士学位，并教授遗传学、被子植物形态学和分类学的课程。她居住在华盛顿特区。

芭比·安吉尔 园丁、版画家和插画师，在纽约植物园和其他机构为植物学家创作了大量细节丰富的铅笔和钢笔绘画，并多年为《纽约时报》的园艺问答栏目绘图。她居住在佛蒙特州南部。

译者简介

顾垒 笔名顾有容，首都师范大学生命科学学院副教授。曾获全国高校生命科学微课教学大赛一等奖、首都师范大学青年教师优秀教学奖、优秀主讲教师等奖励。业余从事科学传播，曾获中国科协"公众喜爱的科普作品""百度百科 2020 年度人物"等荣誉。

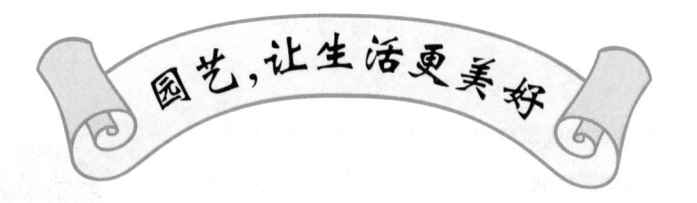

园艺，让生活更美好

园丁手册：花园里的奇趣问答

〔英〕盖伊·巴特 著；莫海波、阎勇 译

中国：世界园林之母

一位博物学家在华西的旅行笔记

〔英〕E. H. 威尔逊 著；胡启明 译

植物学家的词汇手册：图解 1300 条园艺常用植物学术语

〔美〕苏珊·佩尔，波比·安吉尔 著；顾垒（顾有容）译

达尔文经典著作系列

已出版：

物种起源	〔英〕达尔文 著　舒德干 等译
人类的由来及性选择	〔英〕达尔文 著　叶笃庄 译
人类和动物的表情	〔英〕达尔文 著　周邦立 译
动物和植物在家养下的变异	〔英〕达尔文 著　叶笃庄、方宗熙 译
攀援植物的运动和习性	〔英〕达尔文 著　张肇骞 译
食虫植物	〔英〕达尔文 著　石声汉 译　祝宗岭 校
植物的运动本领	〔英〕达尔文 著　娄昌后、周邦立、祝宗岭 译　祝宗岭 校
兰科植物的受精	〔英〕达尔文 著　唐 进、汪发缵、陈心启、胡昌序 译　叶笃庄 校，陈心启 重校
同种植物的不同花型	〔英〕达尔文 著　叶笃庄 译
植物界异花和自花受精的效果	〔英〕达尔文 著　萧辅、季道藩、刘祖洞 译　季道藩 一校，陈心启 二校

即将出版：

腐殖土的形成与蚯蚓的作用	〔英〕达尔文 著　舒立福 译

科学元典丛书

科学元典丛书（彩图珍藏版）

自然哲学之数学原理（彩图珍藏版）　　　　　　　［英］牛顿

物种起源（彩图珍藏版）（附《进化论的十大猜想》）　［英］达尔文

狭义与广义相对论浅说（彩图珍藏版）　　　　　　［美］爱因斯坦

关于两门新科学的对话（彩图珍藏版）　　　　　　［意］伽利略

海陆的起源（彩图珍藏版）　　　　　　　　　　　［德］魏格纳

科学元典丛书（学生版）

1　天体运行论（学生版）　　　　　　　　　　　　［波兰］哥白尼

2　关于两门新科学的对话（学生版）　　　　　　　［意］伽利略

3　笛卡儿几何（学生版）　　　　　　　　　　　　［法］笛卡儿

4　自然哲学之数学原理（学生版）　　　　　　　　［英］牛顿

5　化学基础论（学生版）　　　　　　　　　　　　［法］拉瓦锡

6　物种起源（学生版）　　　　　　　　　　　　　［英］达尔文

7　基因论（学生版）　　　　　　　　　　　　　　［美］摩尔根

8　居里夫人文选（学生版）　　　　　　　　　　　［法］玛丽·居里

9　狭义与广义相对论浅说（学生版）　　　　　　　［美］爱因斯坦

10　海陆的起源（学生版）　　　　　　　　　　　　［德］魏格纳

11　生命是什么（学生版）　　　　　　　　　　　　［奥地利］薛定谔

12　化学键的本质（学生版）　　　　　　　　　　　［美］鲍林

13　计算机与人脑（学生版）　　　　　　　　　　　［美］冯·诺伊曼

14　从存在到演化（学生版）　　　　　　　　　　　［比利时］普里戈金

15　九章算术（学生版）　　　　　　　　　　　　　〔汉〕张苍　耿寿昌

16　几何原本（学生版）　　　　　　　　　　　　　［古希腊］欧几里得